민물
고기

나들이도감

세밀화로 그린 보리 산들바다 도감

민물고기 나들이도감

그림 박소정

감수 김익수

글 김익수, 보리 편집부

취재 자문 조성장, 이학영

편집 김종현, 정진이

기획실 김소영, 김용란

교정·교열 김용심

디자인 이안디자인

제작 심준엽

영업마케팅 김현정, 심규완, 양병희

영업관리 안명선

새사업부 조서연

경영지원실 노명아, 신종호, 차수민

분해와 출력·인쇄 (주)로얄프로세스

제본 (주)상지사P&B

1판 1쇄 펴낸 날 2016년 5월 1일 | **1판 6쇄 펴낸 날** 2024년 8월 8일

펴낸이 유문숙

펴낸 곳 (주) 도서출판 보리

출판등록 1991년 8월 6일 제 9–279호

주소 (10881) 경기도 파주시 직직길 492

전화 (031)955–3535 / 전송 (031)950–9501

누리집 www.boribook.com **전자우편** bori@boribook.com

값 12,000원

보리는 나무 한 그루를 베어 낼 가치가 있는지 생각하며 책을 만듭니다.

ISBN 978-89-8428-928-4 06470 978-89-8428-890-4 (세트)
이 도서의 국립중앙도서관 출판시도서목록(CIP)은 서지정보유통지원시스템 홈페이지
(http://seoji.nl.go.kr)와 국가자료공동목록시스템(http://www.nl.go.kr/kolisnet)에서
이용하실 수 있습니다. (CIP 제어번호 : CIP2016009093)

세밀화로 그린 보리 산들바다 도감

우리나라에 사는 민물고기 130종

민물
고기
나들이도감

그림 박소정 | 감수 김익수

보리

일러두기

1. 아이부터 어른까지 함께 볼 수 있도록 쉽게 썼다.

2. 우리나라에 사는 민물고기 130종을 실었다.

3. 민물고기는 직접 취재해서 세밀화로 그렸다.

4. 그림으로 찾아보기는 잉어목, 메기목처럼 목으로 나누고, 그 안에서 과별 분류 차례로 실었다. 본문은 과별 분류 차례로 실었다.

5. 민물고기 이름과 분류, 학명은 감수자 의견에 따랐고, 《한국의 민물고기》 (김익수, 박종영, 교학사, 2002)와 《특징으로 보는 한반도 민물고기》(이완옥, 노세윤, 지성사, 2006)을 참고했다.

6. 과명에 사이시옷은 적용하지 않았다.

7. 맞춤법과 띄어쓰기는 《표준국어대사전》을 따랐다.

8. 몸길이는 주둥이 끝에서 꼬리자루까지 길이다.

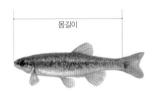

몸길이

9. 본문 보기

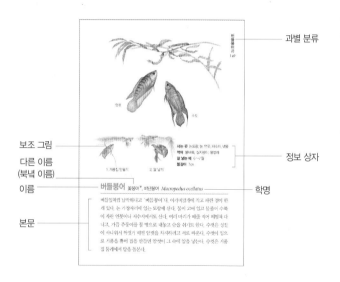

과별 분류

보조 그림

다른 이름
(북녘 이름)

이름

본문

정보 상자

학명

민물고기
나들이도감

민물고기 더 알아보기

우리 겨레와 강

민물고기 생김새

민물고기 생태

찾아보기

그림으로 찾아보기

칠성장어목	칠성장어과	칠성장어, 다묵장어
철갑상어목	철갑상어과	철갑상어
뱀장어목	뱀장어과	뱀장어, 무태장어
청어목	멸치과	웅어
잉어목	잉어과	잉어, 이스라엘잉어, 붕어, 떡붕어, 초어
	납자루아과	흰줄납줄개, 한강납줄개, 각시붕어, 떡납줄갱이, 납자루, 묵납자루, 칼납자루, 임실납자루, 줄납자루, 큰줄납자루, 납지리, 큰납지리, 가시납지리
	모래무지아과	참붕어, 돌고기, 감돌고기, 가는돌고기, 쉬리, 새미, 참중고기, 중고기, 줄몰개, 몰개, 긴몰개, 참몰개, 점몰개, 누치, 참마자, 어름치, 모래무지, 버들매치, 왜매치, 꾸구리, 돌상어, 흰수마자, 모래주사, 돌마자, 여울마자, 됭경모치, 배가사리, 두우쟁이
	황어아과	황어, 연준모치, 버들치, 버들개, 금강모치
	피라미아과	왜몰개, 갈겨니, 참갈겨니, 피라미, 끄리, 눈불개
	강준치아과	강준치, 백조어, 살치
	종개과	종개, 대륙종개, 쌀미꾸리
	미꾸리과	미꾸리, 미꾸라지, 새코미꾸리, 얼룩새코미꾸리, 참종개, 부안종개, 왕종개, 북방종개, 남방종개, 동방종개, 기름종개, 점줄종개, 줄종개, 미호종개, 수수미꾸리, 좀수수치
메기목	동자개과	동자개, 눈동자개, 꼬치동자개, 대농갱이, 밀자개
	메기과	메기, 미유기
	퉁가리과	자가사리, 퉁가리, 퉁사리
바다빙어목	바다빙어과	빙어, 은어
연어목	연어과	열목어, 연어, 산천어
숭어목	숭어과	가숭어
동갈치목	송사리과	송사리, 대륙송사리
큰가시고기목	큰가시고기과	큰가시고기, 가시고기, 잔가시고기
드렁허리목	드렁허리과	드렁허리
쏨뱅이목	둑중개과	둑중개, 한둑중개, 꺽정이
농어목	꺽지과	쏘가리, 꺽저기, 꺽지
	검정우럭과	블루길, 배스
	돛양태과	강주걱양태
	동사리과	동사리, 얼룩동사리, 좀구굴치
	망둑어과	날망둑, 꾹저구, 갈문망둑, 밀어, 민물두줄망둑, 민물검정망둑, 모치망둑, 미끈망둑
	버들붕어과	버들붕어
	가물치과	가물치
복어목	참복과	황복

그림으로 찾아보기

칠성장어목

칠성장어과

철갑상어목

철갑상어과

뱀장어목

뱀장어과

청어목

멸치과

웅어 27

잉어목

잉어아과

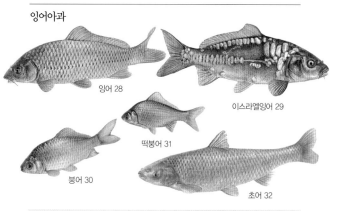

잉어 28

이스라엘잉어 29

떡붕어 31

붕어 30

초어 32

납자루아과

흰줄납줄개 33

한강납줄개 34

각시붕어 35

떡납줄갱이 36

납자루 37

묵납자루 38

칼납자루 39

임실납자루 40

줄납자루 41

큰납지리 44

큰줄납자루 42

납지리 43

가시납지리 45

모래무지아과

참붕어 46

돌고기 47

감돌고기 48

가는돌고기 49

쉬리 50

새미 51

참중고기 52

중고기 53

줄몰개 54

긴몰개 55

몰개 56

참몰개 57

점몰개 58

누치 59

참마자 60

어름치 61

모래무지 62

버들매치 63

왜매치 64

꾸구리 65

돌상어 66

흰수마자 67

모래주사 68

돌마자 69

여울마자 70

됭경모치 71

배가사리 72

두우쟁이 73

황어아과

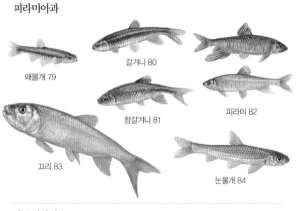

황어 74

연준모치 75

버들치 76

버들개 77

금강모치 78

피라미아과

왜몰개 79

갈겨니 80

참갈겨니 81

피라미 82

끄리 83

눈불개 84

강준치아과

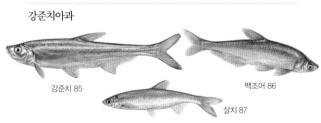

강준치 85

백조어 86

살치 87

종개과

종개 88

대륙종개 89

쌀미꾸리 90

미꾸리과

미꾸리 91

미꾸라지 92

새꼬미꾸리 93

얼룩새코미꾸리 94

참종개 95

부안종개 96

왕종개 97

북방종개 98

남방종개 99

동방종개 100

기름종개 101

점줄종개 102

줄종개 103

미호종개 104

수수미꾸리 105

좀수수치 106

메기목

동자개과

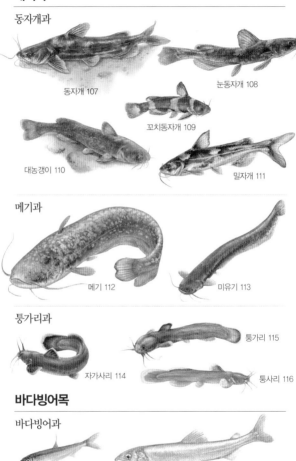

동자개 107

눈동자개 108

꼬치동자개 109

대농갱이 110

밀자개 111

메기과

메기 112

미유기 113

퉁가리과

자가사리 114

퉁가리 115

퉁사리 116

바다빙어목

바다빙어과

빙어 117

은어 118

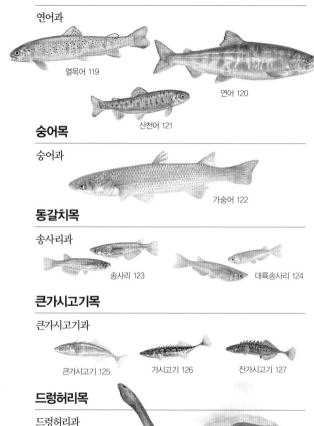

연어목

연어과

열목어 119

연어 120

산천어 121

숭어목

숭어과

가숭어 122

동갈치목

송사리과

송사리 123

대륙송사리 124

큰가시고기목

큰가시고기과

큰가시고기 125

가시고기 126

잔가시고기 127

드렁허리목

드렁허리과

드렁허리 128

쏨뱅이목

둑중개과

한둑중개 130

둑중개 129

꺽정이 131

농어목

꺽지과

꺽저기 133

쏘가리 132

꺽지 134

검정우럭과

블루길 135

배스 136

돛양태과

강주걱양태 137

동사리과

얼록동사리 139

동사리 138

좀구굴치 140

망둑어과

날망둑 141

꾹저구 142

갈문망둑 143

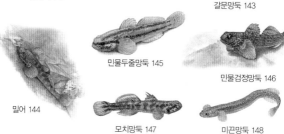

민물두줄망둑 145

민물검정망둑 146

밀어 144

모치망둑 147

미끈망둑 148

버들붕어과

버들붕어 149

가물치과

가물치 150

복어목

참복과

황복 151

우리 민물고기

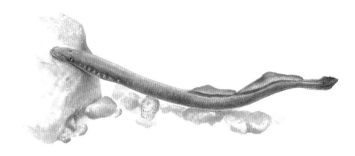

사는 곳 강 상류, 바다
먹이 물고기
알 낳는 때 5~6월
몸길이 40~50cm
멸종 위기 종

칠성장어 칠성어, 칠성뱀장어 *Lethenteron japonicus*

몸에 구멍이 일곱 개 나 있다고 '칠성장어'다. 구멍은 숨을 쉬는 아가미 구멍이다. 바다에서 살다가 강을 거슬러 올라와 알을 낳는다. 암컷과 수컷이 함께 자갈을 나르며 알자리를 마련하고 알을 낳은 뒤에 모두 죽는다. 알에서 깬 새끼는 서너 해쯤 강에서 살다가 바다로 내려간다. 바다에서 둥그런 입으로 다른 물고기에 착 달라붙어 피를 빨아 먹는다. 동해로 흐르는 강에서 볼 수 있다. 지금은 수가 많이 줄어서 함부로 잡으면 안 된다.

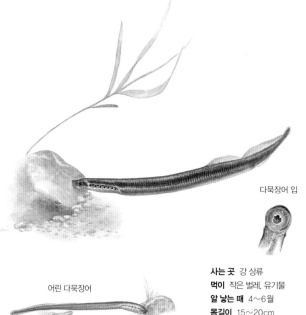

다묵장어 입

어린 다묵장어

사는 곳 강 상류
먹이 작은 벌레, 유기물
알 낳는 때 4~6월
몸길이 15~20cm
멸종 위기 종

다묵장어 모래칠성장어^북, 홈뱀장어 *Lampetra reissneri*

다묵장어도 칠성장어처럼 몸에 구멍이 일곱 개 나 있다. 칠성장어와 달리 바다로 안 내려가고 평생 민물에서 산다. 차가운 물이 세차게 흐르는 냇물이나 강 여울 큰 돌 밑이나 모래와 잔자갈이 깔린 바닥에서 산다. 낮에는 모래 속에 숨어 있다가 밤에만 나와 돌아다닌다. 모래 속에 사는 작은 벌레나 유기물을 걸러 먹는다. 어릴 때만 먹이를 먹고 다 자라면 아무 것도 안 먹는다. 멸종 위기 종이다.

베스테르철갑상어

철갑상어는 입이 주둥이 아래쪽에 있다.

사는 곳 강 하류, 바다
먹이 조개, 게, 새우, 작은 물고기
알 낳는 때 10~11월
몸길이 1~2m
멸종 위기 종

철갑상어 줄철갑상어^북, 가시상어 *Acipenser sinensis*

철갑상어는 강이나 강어귀에서도 살고 바다에서도 산다. 몸에 갑옷을
두른 것 같다고 '철갑상어'다. 몸통에 큼지막한 비늘이 다섯 줄 쭉 붙
어 있다. 물 바닥을 헤엄쳐 다니면서 먹이를 잡아먹는다. 주둥이 밑에
난 수염을 바닥에 대고 질질 끌면서 먹이가 있는 지 없는 지 알아챈다.
조개나 게, 새우 따위를 잡아먹고 물벌레나 작은 물고기도 잡아먹는다.
입은 크지만 먹이는 작은 것을 먹고 산다. 멸종 위기 종이다.

사는 곳 강 상류, 바다
먹이 작은 물고기, 개구리, 물벌레
알 낳는 때 4~6월
몸길이 60~100cm

뱀장어 장어, 참장어, 민물장어 *Anguilla japonica*

뱀장어는 강에서 살다가 깊은 바다로 내려가 알을 낳고 죽는다. 강이나
늪, 저수지에서 5~12년쯤 산다. 낮에는 바다 진흙 속이나 돌 틈에 숨어
있다가 밤이 되면 나와서 먹이를 잡아먹는다. 겨울에는 진흙 속이나 돌
밑에 들어가 아무것도 안 먹고 지낸다. 장마철에 강물이 불어나면 물 밖
으로 나와 구불구불 기어서 늪이나 저수지로 옮겨 가기도 한다. 물 밖
에서도 몸에 물이 마르지 않으면 얇은 살가죽으로 숨을 쉰다. 잡아서
탕이나 구이로 먹고, 약으로 쓴다.

사는 곳 강어귀
먹이 작은 물고기, 게, 개구리
알 낳는 때 모름
몸길이 1~2m
천연기념물

무태장어 제주뱀장어^북 *Anguilla marmorata*

무태장어는 뱀장어처럼 민물에서 살다가 깊은 바다로 들어가 알을 낳는다. 알에서 깬 새끼는 먼바다를 헤엄쳐 와서 강을 거슬러 올라간다. 어른이 될 때까지 5~8년쯤 민물에서 지낸다. 낮에는 구멍이나 돌 틈에 숨어 있다가 밤에 나와서 먹이를 잡아먹는다. 배가 부르면 벌러덩 누워 잠을 잔다. 뱀장어보다 몸이 훨씬 통통하고 크다. 열대지방에서는 흔하지만 우리나라에서는 천연기념물로 정해서 보호하고 있다.

사는 곳 바다, 강어귀
먹이 작은 물고기
알 낳는 때 6~7월
몸길이 25cm 안팎

웅어 위어, 웅에, 우여 *Coilia nasus*

웅어는 몸이 꼬리로 갈수록 칼처럼 날카롭게 뾰족하다. 바닷가나 큰 강
어귀에서 무리 지어 살다가 강을 거슬러 올라와 알을 낳는다. 서해에서
만 산다. 낮에는 물가를 헤엄치다가 밤에는 깊은 곳으로 들어간다. 어릴
때는 동물성 플랑크톤을 먹고 자라다가 어른이 되면 작은 물고기를 잡
아먹는다. 사오월 보리누름 때부터 강을 거슬러 올라와 유월쯤 갈대가
자란 강가에 알을 낳는다. 알을 낳으면 어미 물고기는 죽는다. 강으로
올라올 때 잡아서 회로 먹는다.

사는 곳 강 중류, 저수지, 연못
먹이 작은 물고기, 물벌레
알 낳는 때 4~7월
몸길이 30~100cm

잉어
황잉어, 발갱이 *Cyprinus carpio*

잉어는 물풀이 우거진 강과 냇물에도 흔하지만 저수지나 연못처럼 고인 물에 더 흔하다. 맑고 차가운 물보다 흐리고 따뜻한 물을 좋아한다. 주 둥이로 진흙을 들쑤셔서 벌레가 나오면 입술을 나팔처럼 앞으로 쑥 내 밀어 재빨리 먹이를 삼킨다. 물풀도 먹고 작은 게, 어린 물고기, 물벌레 따위를 잡아먹는다. 겨울이 되면 깊은 곳에 모여 겨울잠을 자듯 꼼짝 않고 지낸다. 30년도 넘게 산다. 옛날부터 몸이 약한 사람이나 아기를 낳 은 엄마에게 고아 먹였다.

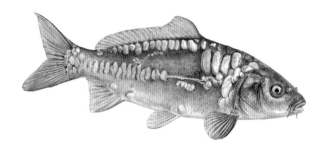

사는 곳 댐, 저수지, 강 중류
먹이 물벌레, 물풀, 작은 물고기
알 낳는 때 5~7월
몸길이 30~60cm
외래종

이스라엘잉어 향어, 독일잉어, 물돼지 *Cyprinus carpio*

이스라엘잉어는 흔히 '향어'라고 한다. 잉어와 닮았는데 몸에 큼지막한 비늘이 군데군데 나 있다. 비늘이 거의 없는 것도 있다. 커다란 저수지나 호수나 댐에서 산다. 물이 느리게 흐르고 바닥에 진흙이 깔린 냇물이나 강에도 산다. 물 밑바닥에서 떼 지어 헤엄쳐 다닌다. 1973년 이스라엘에서 들여와 기르다가 온 나라에 퍼졌다. 맛이 좋아서 사람들이 먹으려고 많이 기른다. 오래 사는 것은 40년을 살기도 한다.

사는 곳 강 중하류, 냇물, 저수지
먹이 작은 물고기, 물벌레, 지렁이
알 낳는 때 4~7월
몸길이 5~30cm

붕어 참붕어, 똥붕어, 쌀붕어 *Carassius auratus*

붕어는 저수지나 연못, 냇물이나 강에 산다. 우리나라 어디에나 흔하다. 옛날에는 논도랑이나 논에도 많았다. 고여 있거나 느릿느릿 흐르는 물을 좋아한다. 마름이나 검정말 같은 물풀이 수북이 난 곳에서 몇 마리씩 무리를 지어 헤엄친다. 물풀이나 돌 밑에 잘 숨는다. 잉어처럼 바닥에서 진흙을 들쑤시며 먹이를 잡아먹는다. 겨울이 되면 물속 깊은 곳으로 모여 아무것도 안 먹고 가만히 지낸다. 낚시로 많이 잡아 탕, 찜으로 먹는다.

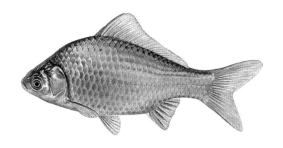

사는 곳 강 중류, 냇물, 저수지
먹이 작은 물고기, 물벌레, 지렁이
알 낳는 때 4~7월
몸길이 15~40cm
외래종

떡붕어 *Carassius cuvieri*

떡붕어는 붕어와 똑 닮았다. 몸이 붕어보다 납작하다고 '떡붕어'라는
이름이 붙었는데, 등이 붕어보다 더 우뚝 솟아올랐다. 붕어처럼 저수지
나 물살이 느린 냇물이나 강에서 산다. 물이 고여 있고 바닥에 진흙이
깔리고 물풀이 수북이 우거진 곳을 좋아한다. 물속 깊이 사는데, 가끔
물 위로 올라와 떼로 헤엄치기도 한다. 물벼룩이나 거머리, 지렁이나 물
풀을 먹고 산다. 우리나라 어디에나 흔하다. 낚시로 많이 잡는데 붕어보
다 맛이 덜하고 가시가 많다.

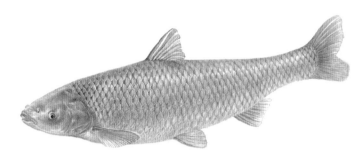

사는 곳 강 중류, 냇물, 댐, 저수지
먹이 물풀
알 낳는 때 4~7월
몸길이 50~100cm
외래종

초어 *Ctenopharyngodon idellus*

초어는 '풀을 먹는 물고기'라는 뜻이다. 물풀을 갉아 먹고 부드러운 나뭇잎도 먹는다. 물 밖에 있는 풀을 뜯으면 '아삭아삭' 소리가 난다. 물풀을 싹 갉아 먹는 바람에 다른 물고기가 숨어 살 곳을 잃기도 한다. 잉어와 닮았는데 입수염이 없고 머리가 작다. 일본과 대만에서 어린 물고기를 들여와 기르다가 퍼졌다. 폭이 넓고 깊은 냇물과 큰 강, 저수지와 댐에서 산다. 서해와 남해로 흐르는 한강, 낙동강, 금강, 섬진강에서 볼 수 있다.

암컷

수컷

사는 곳 냇물, 강 중하류, 저수지
먹이 작은 물벌레, 물풀
알 낳는 때 4~6월
몸길이 6~8cm

흰줄납줄개 망성어^북, 팥붕어, 망생어 *Rhodeus ocellatus*

흰줄납줄개는 냇물이나 저수지에 산다. 물풀이 우거진 곳에서 여러 마리가 떼 지어 헤엄쳐 다닌다. 4~6월 짝짓기 때가 되면 수컷은 등이 파래지고 몸통은 빨개진다. 암컷은 배에서 몸보다 기다란 산란관이 나온다. 암수가 어울려 다니면서 말조개나 대칭이, 펄조개 같은 민물조개 속에 알을 낳는다. 한 달쯤 뒤에 조개가 물을 뱉어낼 때 새끼가 몸 밖으로 나온다. 2년쯤 지나면 다 자란다. 서해와 남해로 흐르는 냇물과 강에 산다.

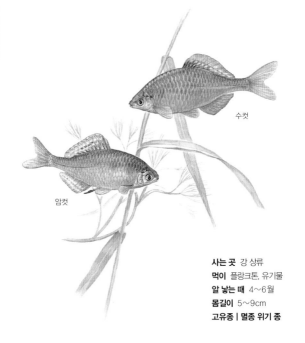

수컷

암컷

사는 곳 강 상류
먹이 플랑크톤, 유기물
알 낳을 때 4~6월
몸길이 5~9cm
고유종 | 멸종 위기 종

한강납줄개 아무르망성어[북] *Rhodeus pseudosericeus*

한강에 살고 몸에 줄이 있다고 '한강납줄개'라는 이름이 붙었다. 몸통
뒤쪽 가운데 새파랗고 가느다란 줄이 꼬리지느러미 앞까지 이어진다.
흰줄납줄개나 각시붕어와 닮았는데 몸이 덜 화려하다. 등지느러미와 뒷
지느러미 끝에 노란 줄무늬가 있다. 등이 툭 불거진 흰줄납줄개와 달리
밋밋하다. 물살이 느리고 돌이 있는 냇물이나 저수지에 산다. 흰줄납줄
개처럼 조개 몸속 아가미에 알을 낳는다. 우리나라 한강 상류에만 산다.

수컷

암컷

사는 곳 냇물, 저수지, 강 중하류
먹이 물벌레, 물풀
알 낳는 때 5~6월
몸길이 4~5cm
고유종

각시붕어 남방돌납저리[북], 꽃붕어 *Rhodeus uyekii*

각시붕어는 물이 얕은 냇물이나 저수지에서 산다. 예전에는 논도랑에도
흔하게 살았다. 떼를 지어 천천히 헤엄쳐 다니면서 작은 물벌레나 물벼
룩을 잡아먹는다. 물풀이나 물이끼도 먹는다. 위험을 느끼면 돌 틈이나
물풀 속으로 얼른 숨는다. 수컷은 짝짓는 때가 되면 온몸이 샛노래지고
보랏빛이 돈다. 뒷지느러미 끄트머리는 까맣다. 암컷은 배에서 산란관
이 나온다. 암수가 짝을 지어 이리저리 돌아다니며 민물조개 속에 알을
낳는다. 우리나라에만 산다.

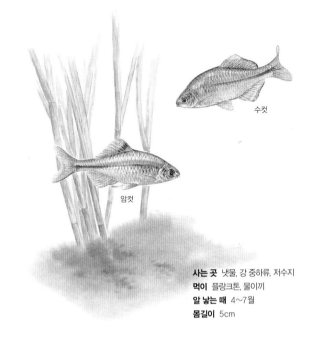

수컷

암컷

사는 곳 냇물, 강 중하류, 저수지
먹이 플랑크톤, 물이끼
알 낳는 때 4~7월
몸길이 5cm

떡납줄갱이 돌납저리^북, 납데기 *Rhodeus notatus*

떡납줄갱이는 각시붕어와 닮았는데 몸이 더 길다. 몸통 가운데 파란 줄
무늬가 배지느러미 앞까지 온다. 물이 얕고 물살이 느린 냇물이나 저수
지, 논도랑에 산다. 물풀이나 돌에 붙은 물이끼나 플랑크톤을 먹는다.
다른 납자루 무리처럼 민물조개 속에 알을 낳는다. 짝짓기 때가 되면 수
컷은 주둥이 아래, 눈동자 위쪽, 등지느러미와 뒷지느러미 가장자리가
주홍빛으로 바뀐다. 암컷은 배에서 산란관이 나온다. 서해와 남해로 흐
르는 물줄기에서 볼 수 있다.

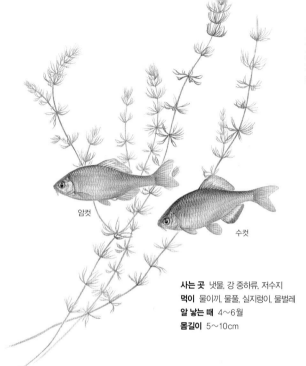

암컷

수컷

사는 곳 냇물, 강 중하류, 저수지
먹이 물이끼, 물풀, 실지렁이, 물벌레
알 낳는 때 4~6월
몸길이 5~10cm

납자루 납주레기[북] *Acheilognathus lanceolatus*

납자루는 이름처럼 몸이 납작한데 각시붕어보다 몸집이 두 배쯤 크다. 물 깊이가 무릎쯤 오고 바닥에 자갈이 깔린 냇물에 흔하다. 헤엄을 날래게 잘 쳐서 물살이 빠른 곳에서도 이리저리 헤엄쳐 다닌다. 봄에 민물조개 몸속에 알을 낳는다. 이때 수컷은 등이 짙은 푸른색으로 바뀌고 배는 옅은 보라색을 띤다. 암컷은 배에서 산란관이 나온다. 수컷은 알낳을 민물조개를 찾으면 다른 수컷이 얼씬도 못하게 사납게 텃세를 부리며 조개를 지킨다.

사는 곳 냇물, 강 상류
먹이 물풀, 깔따구 애벌레, 물벌레
알 낳는 때 4~6월
몸길이 7~10cm
고유종 | 멸종 위기 종

묵납자루 청납저리[북], 밴매 *Acheilognathus signifer*

묵납자루는 다른 납자루와 달리 강 상류에 살고 물살이 느린 곳을 좋아
한다. 큰 돌이 깔리고 물풀이 수북이 난 곳에 살면서 돌 틈이나 물풀 숲
에 곧잘 숨는다. 여름과 가을에는 물가에서 떼로 몰려다닌다. 늦가을이
면 물 깊이 들어가 바위나 큰 돌 밑에서 겨울을 난다. 봄에 얕은 곳으로
나와 4월부터 6월까지 민물조개 몸속에 알을 낳는다. 새끼는 1cm쯤 크
면 조개 밖으로 나온다. 우리나라 중부 위쪽에 흐르는 물줄기에서만 사
는 멸종 위기 종이다.

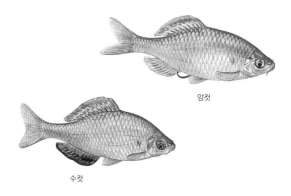

암컷

수컷

사는 곳 냇물, 강 상중류
먹이 물풀, 작은 물벌레
알 낳을 때 4~6월
몸길이 6~8cm
고유종

칼납자루 기름납저리^북, 달붕어 *Acheilognathus koreensis*

칼납자루는 너른 들판을 끼고 흐르는 냇물이나 강에서 산다. 물풀이 우거진 곳에서 여러 마리씩 떼 지어 헤엄친다. 돌에 붙은 물이끼나 작은 물벌레를 먹는다. 4~6월에 알을 낳는데, 수컷은 혼인색을 띠어 몸빛이 파래지고 꼬리는 샛노랗게 바뀐다. 암컷은 배에서 짧고 까만 산란관이 나와서 납자루처럼 민물조개 몸속에 알을 낳는다. 수컷끼리 조개를 놓고 서로 싸우기도 한다. 우리나라 금강 아래쪽에서 서해와 남해로 흐르는 강에서만 산다.

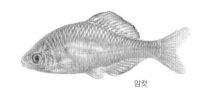

암컷

수컷

사는 곳 냇물, 강 상중류
먹이 물이끼, 작은 물벌레
알 낳는 때 5~7월
몸길이 5~6cm
고유종 | 멸종 위기 종

임실납자루 납작붕어 *Acheilognathus somjinensis*

전라북도 임실에서 처음 찾았다고 '임실납자루'다. 칼납자루와 닮았는데 몸 색깔이 더 밝고 등은 낮다. 칼납자루 암컷은 산란관이 짧지만 임실납자루 암컷은 산란관이 꼬리자루 뒤로 넘어갈 만큼 길다. 우리나라 남부 지역에 두루 사는 칼납자루와 달리 섬진강과 그와 이어진 몇 군데 물길에서만 산다. 물이 얕고 바닥에 모래펄이 깔리고 물풀이 수북이 자란 곳을 좋아한다. 우리나라에만 사는 멸종 위기 종이다.

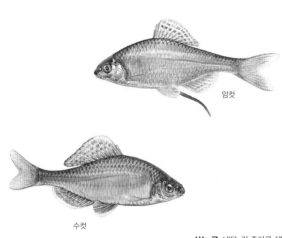

암컷

수컷

사는 곳 냇물, 강 중하류, 댐
먹이 물풀, 작은 물벌레
알 낳는 때 3~7월
몸길이 6~10cm
고유종

줄납자루 줄납주레기[북], 빈지리 *Acheilognathus yamatsutae*

줄납자루는 아가미 뒤에 새파란 점이 한 개 있다. 점 뒤부터 꼬리까지는 새파란 줄이 한 줄로 쭉 난다. 냇물에도 살고 강이나 저수지에도 산다. 물살이 약하고 바닥에 진흙과 자갈이 고루 깔린 곳을 좋아한다. 짝짓기 때가 되면 떼로 모여든다. 수컷은 몸이 새파랗게 짙어지고 가슴지느러미와 뒷지느러미 끝에 굵고 하얀 띠가 생긴다. 암컷은 배에서 산란관이 나온다. 다른 납자루처럼 민물조개 몸속에 알을 낳는다. 동해로 흐르는 냇물을 빼고 널리 산다.

수컷

암컷

사는 곳 냇물, 강 중하류
먹이 작은 물벌레
알 낳는 때 5~7월
몸길이 9~11cm
고유종

큰줄납자루 납떼기 *Acheilognathus majusculus*

줄납자루와 닮았는데 몸집이 크다고 '큰줄납자루'다. 몸통 앞쪽에서
꼬리자루까지 초록색 띠가 있다. 예전에는 줄납자루로 여기다가 짝짓기
때 몸빛이 다르고 주둥이 생김새가 달라서 새로운 종으로 나누었다. 수
컷은 짝짓기 때가 되면 분홍빛과 푸른빛이 돌고 꼬리지느러미 끝이 빨
갛게 물든다. 물 깊이가 1m쯤 되는 얕은 냇물이나 강에 산다. 큰 돌이
깔리고 물살이 느린 곳 바닥에서 헤엄친다. 낙동강 몇몇 물길과 줄납자
루가 안 사는 섬진강에서 산다.

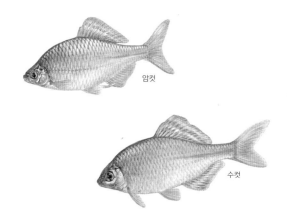

암컷

수컷

납지리가 알을 낳는 대칭이 조개

사는 곳 냇물, 강 중하류, 저수지
먹이 물이끼, 돌말, 작은 물벌레
알 낳을 때 9~11월
몸길이 6~10cm

납지리 납저리아재비^북, 행지리 *Acheilognathus rhombeus*

납지리는 납자루와 닮았는데 몸통이 더 크고 조금 더 둥그랗다. 납자루
는 몸 빛깔이 풀색인데 납지리는 분홍빛이 돈다. 물살이 느린 냇물이나
강에서 산다. 물이 맑은 저수지에서도 산다. 물살이 세지면 물풀 속으
로 들어간다. 동해로 흐르는 강을 빼고 어디에나 산다. 우리나라 납자
루 무리 가운데 납지리만 가을에 알을 낳는다. 짝짓기 철이 되면 수컷은
등이 새파래지고 배와 지느러미는 빨개진다. 눈도 새빨개진다. 암컷은
배에서 짧은 잿빛 산란관이 나온다.

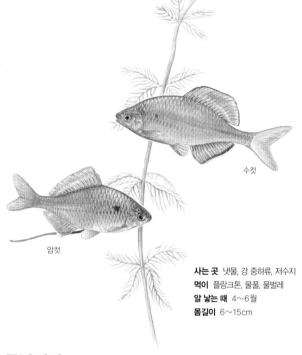

수컷

암컷

사는 곳 냇물, 강 중하류, 저수지
먹이 플랑크톤, 물풀, 물벌레
알 낳는 때 4~6월
몸길이 6~15cm

큰납지리 큰가시납지리^북 *Acheilognathus macropterus*

큰납지리는 우리나라에 사는 납자루 무리 가운데 가장 크다. 납지리와
닮았는데, 등이 높고 등지느러미가 더 크다. 아가미뚜껑 뒤에 크고 흐릿
한 파란 점이 있고, 뒷지느러미에 흰 테두리가 있어서 납지리와 다르다.
물살이 느린 강 중류와 하류에 산다. 물풀이 우거지고 모래와 진흙이
깔린 바닥에서 헤엄친다. 짝짓기 때가 되면 수컷 몸이 보랏빛으로 바뀐
다. 또 등지느러미 뒤쪽은 넓게 커지고 배 밑이 까매진다. 동해로 흐르
는 강을 빼고 어디에나 산다.

수컷

암컷

사는 곳 냇물, 강 중하류, 저수지
먹이 작은 물벌레, 물풀
알 낳는 때 4~8월
몸길이 8~12cm
고유종

가시납지리 가시납저리^북, 행지리 *Acheilognathus gracilis*

등에 가시가 있다고 '가시납지리'다. 등지느러미 세 번째 지느러미살이
가시처럼 딱딱하고 뾰족하다. 큰납지리와 닮았는데, 몸집이 작고 몸통
에 파란 가로줄이 희미하다. 큰납지리는 뒷지느러미 테두리가 하얗지
만, 가시납지리는 뒷지느러미에 아주 굵고 하얀 띠가 있고 테두리가 까
맣다. 물살이 느리고 바닥에 진흙이 깔린 냇물이나 강, 저수지에서 산
다. 흐린 물을 좋아한다. 서해와 남해로 흐르는 강에만 산다.

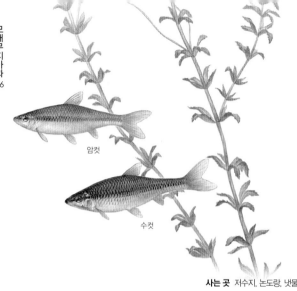

암컷

수컷

사는 곳 저수지, 논도랑, 냇물
먹이 플랑크톤, 물이끼, 물벌레
알 낳는 때 5~6월
몸길이 6~12cm

참붕어 보리붕어, 쌀붕어 *Pseudorasbora parva*

참붕어는 이름과 달리 붕어와 하나도 안 닮았다. 붕어는 크고 넓적한
데, 참붕어는 몸이 작고 길쭉하다. 등은 누렇고 배는 하얗다. 몸통 가운
데 검은 줄무늬가 있다. 저수지나 논도랑에 살고 얕은 냇물에도 산다.
물이 머물러 있고 물풀이 수북하게 자란 곳에서 떼 지어 헤엄쳐 다닌다.
짝짓기 때가 되면 수컷은 알자리를 만들고, 암컷이 알을 낳고 떠나면 새
끼가 깨어 나올 때까지 곁을 지킨다. 물이 조금 더러워도 잘 산다. 어디
에나 흔하다.

사는 곳 산골짜기, 냇물
먹이 물벌레, 돌말, 다슬기, 새우
알 낳는 때 4~7월
몸길이 7~15cm

돌고기 돗고기, 똥고기 *Pungtungia herzi*

돌이 많은 곳에 산다고 '돌고기'다. 산골짜기나 냇물에 흔하고 맑은 물
이 흐르는 강에서도 산다. 찬물에서 사는데 큰 돌이나 자갈이 깔리고
물살이 느린 곳에서 떼를 지어 헤엄쳐 다닌다. 깜짝 놀라면 재빨리 흩어
져 돌 틈으로 쏙 숨는다. 물속에서 '끼쯔끼쯔'하고 소리를 내기도 한다.
돌에 붙은 돌말을 가볍게 톡톡 쪼아서 떼어 먹는다. 껍데기가 딱딱한
다슬기도 입에 물고 돌에 탁탁 쳐 깨뜨린 뒤 속살을 먹는다.

감돌고기는 여러 마리가 떼 지어 헤엄친다.

사는 곳 냇물, 강 상중류
먹이 돌말, 물벌레
알 낳는 때 4~6월
몸길이 7~10cm
고유종 | 보호종

감돌고기 금강돗쟁이^북, 꺼먹딩미리 *Pseudopungtungia nigra*

몸이 검다고 '감돌고기'다. 돌고기와 똑 닮았는데, 가슴지느러미를 뺀 나머지 지느러미에 까만 띠무늬가 두 개씩 나 있다. 아주 맑은 물이 흐르는 냇물이나 강에서 산다. 큰 바위와 자갈이 많은 곳을 좋아한다. 20~30마리씩 떼 지어 헤엄친다. 돌고기처럼 바위를 톡톡 쪼아 돌말을 뜯어 먹고 작은 물벌레도 먹는다. 4~6월에 돌 밑이나 바위틈에 알을 낳는다. 전라북도 무주와 진안, 전주에서만 볼 수 있다. 우리나라에만 사는 귀한 물고기다.

가는돌고기가 돌 둘레에서 먹이를 찾고 있다.

사는 곳 산골짜기, 냇물
먹이 돌말, 물벌레
알 낳는 때 5~7월
몸길이 8~10cm
고유종 | 보호종

가는돌고기 *Pseudopungtungia tenuicorpa*

몸이 가늘어서 '가는돌고기'다. 돌고기와 많이 닮았는데 몸이 훨씬 작
고 날씬하게 길다. 등지느러미 끄트머리가 조금 까맣다. 돌고기는 흔한
데 가는돌고기는 아주 드물다. 산골짜기에도 살지만 냇물에 더 많다.
맑은 물이 흐르고 자갈이 깔린 얕은 물에 살면서 자갈 사이를 이리저리
헤엄쳐 다닌다. 돌에 낀 물이끼를 톡톡 쪼아 먹거나 물벌레를 입으로 쿡
쿡 찌르듯이 집어 삼킨다. 우리나라 임진강과 한강 상류와 중류에만 사
는데 수가 적어서 법으로 보호하고 있다.

사는 곳 산골짜기, 냇물
먹이 옆새우, 물벌레
알 낳는 때 4~6월
몸길이 10~15cm
고유종

쉬리 쒜리^북, 여울각시 *Coreoleuciscus splendidus*

쉬리는 물이 맑고 차가운 산골짜기나 냇물에서 산다. 몸통에 귤색, 보라색, 하늘색 띠무늬가 줄지어 쭉 나 있다. 바위와 자갈이 많고 물이 콸콸 쏟아지는 여울에서 헤엄을 치고 물살을 거슬러 오르기도 한다. 수십 마리가 떼 지어 이리저리 헤엄친다. 돌 밑이나 자갈 틈을 뒤지면서 옆새우를 잡아먹고 하루살이 애벌레나 작은 물벌레도 잡아먹는다. 돌 틈에 잘 숨는데 틈바구니로 머리를 살짝 내놓고 밖을 살핀다. 우리나라에서만 산다.

사는 곳 산골짜기, 냇물
먹이 돌말, 물벌레
알 낳는 때 6월
몸길이 10~12cm

새미 가리, 갈리 *Ladislabia taczanowskii*

새미는 맑은 물이 흐르는 냇물과 강 상류에서 산다. 산골짜기에 흐르는
차가운 물을 좋아한다. 바위와 잔돌이 고루 깔린 곳에 살면서 바위 사
이를 헤엄쳐 다닌다. 돌에 붙은 물이끼와 미생물을 쪼아 먹고 물속에
사는 작은 물벌레를 잡아먹는다. 알을 6월에 낳는 것으로 짐작하지만
아직 사는 모습은 더 밝혀져야 한다. 강원도와 경기도 북부 임진강, 한
강, 삼척 오십천에서 산다. 북녘에 있는 압록강, 청천강, 대동강, 장진강
에도 산다.

수컷

암컷

사는 곳 강 상중류, 냇물
먹이 물이끼, 물벌레
알 낳는 때 4~6월
몸길이 8~10cm
고유종

참중고기 중고기^북 *Sarcocheilichthys variegatus wakiyae*

참중고기는 큰 강에서 산다. 중고기는 냇물에도 흔한데 참중고기는 냇물보다는 강에 많다. 물살이 센 여울을 좋아한다. 중고기와 똑 닮았는데 등지느러미에 굵고 까만 줄이 있고, 몸통에 까만 무늬가 듬성듬성 크게 있다. 아가미 뒤에는 새파란 줄이 있다. 겁이 많아서 작은 소리에도 잘 놀란다. 놀라면 재빨리 물풀 속이나 돌 밑에 들어가 숨는다. 암컷은 재첩 속에 알을 낳는다. 서해와 남해로 흐르는 강에만 산다.

수컷

암컷

중고기가 알을 낳는 재첩

사는 곳 강 중류, 냇물, 저수지
먹이 물벌레, 새우, 실지렁이
알 낳는 때 4~6월
몸길이 10~16cm
고유종

중고기 써거비[북] *Sarcocheilichthys nigripinnis morii*

중고기는 참중고기와 달리 꼬리지느러미 위아래에 까만 줄무늬가 있고
몸통에 있는 검은 무늬가 자잘하다. 물살이 느린 냇물이나 강에서 산
다. 물이 맑고 너른 저수지에 살기도 한다. 강에 사는 참중고기와 달리
중고기는 냇물에서 흔히 볼 수 있다. 깊은 물속에서 혼자 헤엄쳐 다닌
다. 진흙이 섞인 모래와 자갈이 깔리고 물풀이 우거진 곳을 좋아한다.
아주 겁쟁이어서 작은 소리나 흔들리는 물풀 그림자에도 놀라 물풀 속
으로 숨는다.

사는 곳 냇물, 강 중류
먹이 작은 물벌레
알 낳는 때 6~8월
몸길이 5~10cm

줄몰개 줄버들붕어[북], 줄피리, 갈등피리 *Gnathopogon strigatus*

줄몰개는 주둥이 끝에서 꼬리까지 몸통 가운데로 검고 굵은 줄이 하나
쭉 나 있다. 등과 배에도 검은 점이 쭉 이어져서 희미한 줄무늬가 8~9
개 있는 것처럼 보인다. 서해와 남해로 흐르는 맑은 냇물과 강에 산다.
물살이 느리고 바닥에 모래와 진흙이 깔린 곳을 좋아한다. 물이 깊은
곳도 좋아한다. 몇 마리씩 모여서 헤엄쳐 다니며 작은 물벌레나 새끼 물
벌레를 잡아먹는다. 6~8월에 물풀에 알을 낳는다.

사는 곳 냇물, 강 중하류, 저수지
먹이 물벌레, 새우
알 낳는 때 5~6월
몸길이 7~10cm
고유종

긴몰개 가는버들붕어^북 *Squalidus gracilis majimae*

긴몰개는 몰개 무리 가운데서도 몸이 가늘고 길쭉하다. 몰개와 닮았는데 훨씬 날씬하다. 몸이 작아서 다 커도 손가락만 하다. 온몸에 아주 작은 점이 많다. 냇물이나 저수지, 강, 댐에서 산다. 물이 느리게 흐르고 물풀이 우거진 물가 물낮 가까이에서 떼 지어 헤엄쳐 다닌다. 놀라면 뿔뿔이 흩어졌다가 잠잠해지면 하나둘 다시 모여든다. 서해와 남해로 흐르는 냇물이나 강에 산다. 물이 조금 더러워도 잘 견디면서 산다. 우리나라에만 사는 물고기다.

사는 곳 냇물, 강 중하류, 저수지, 논도랑
먹이 물벼룩, 돌말, 플랑크톤
알 낳을 때 6~7월
몸길이 8~14cm
고유종

몰개 버들붕어^북 *Squalidus japonicus coreanus*

몰개는 몸이 길고 날씬하다. 눈이 크고 몸통에 굵고 검은 줄이 하나 쭉
나 있다. 냇물이나 강, 저수지, 논도랑에 흔하다. 바닥에 자갈이나 모래
가 깔리고 물풀이 수북한 곳을 좋아한다. 물살이 잔잔한 곳에서 여러
마리가 떼로 모여 물풀 사이를 이리저리 재빠르게 헤엄쳐 다닌다. 놀라
면 여기저기로 흩어져 물풀 속으로 숨는다. 잠잠해지면 하나둘 다시 모
여든다. 6~7월에 물풀이 우거진 곳에서 알을 낳는데, 알은 물풀에 잘
붙는다. 우리나라에만 산다.

사는 곳 냇물, 강 중하류, 저수지
먹이 식물 씨, 물벌레
알 낳는 때 6~8월
몸길이 8~14cm
고유종

참몰개 대동버들붕어[북] *Squalidus chankaensis tsuchigae*

참몰개는 냇물과 강, 저수지에서 산다. 몰개보다 입수염이 길고, 몸이 세로로 납작하다. 물이 얕고 물풀이 우거진 곳에서 여러 마리가 떼를 지어 빠르게 헤엄친다. 이것저것 잘 먹어서 식물 씨부터 물벌레까지 안 가리고 먹는다. 6~8월에 알을 낳는다. 물이 조금 더러워도 잘 산다. 우리나라에만 사는 고유종으로 1984년에 처음 이름이 붙었다. 한강, 금강, 동진강, 낙동강, 섬진강에 살고, 북쪽에 있는 대동강에도 산다.

사는 곳 냇물, 강 중하류
먹이 작은 물벌레
알 낳는 때 모름
몸길이 5～7cm
고유종

점몰개 딸쟁이, 물피리 *Squalidus multimaculatus*

몸에 점이 많다고 '점몰개'다. 몰개와 닮았는데 옆줄 위에 점이 있다. 냇물이나 강에서 사는데, 물이 맑고 모래와 자갈이 깔린 얕은 곳을 좋아한다. 사는 모습은 아직 잘 알려지지 않았다. 우리나라에만 사는 물고기로 1984년에 처음 찾아냈다. 동해로 흐르는 물길 가운데 남부 쪽에만 산다. 경상도 울주군 회야강, 경주 형산강, 영덕 오십천, 죽산천, 송천천에 살고, 1998년에는 울진군 왕피천에서도 발견되었다.

새끼 누치
참마자와 똑 닮았는데
몸에 점이 없다.

사는 곳 강 중하류, 댐, 냇물
먹이 물벌레, 새우, 게, 물이끼
알 낳는 때 4~6월
몸길이 20~60cm

누치 눈치, 몰거지 *Hemibarbus labeo*

누치는 눈이 크다고 '눈치'라고도 한다. 몸이 크고 길쭉하다. 어른 팔뚝
만큼 큰 것도 있다. 강에 많이 살고 큰 댐이나 물이 깊은 냇물에도 산다.
물이 깊고 물살이 센 여울을 좋아한다. 모래와 자갈이 깔린 강바닥에
서 헤엄쳐 다닌다. 툭 튀어나온 주둥이로 돌을 들추고 뒤져서 먹이를 잡
아먹는다. 물벌레나 새우나 작은 게, 다슬기를 먹고 모래 속에 있는 작
은 물풀도 걸러 먹는다. 두툼한 입술로 돌에 붙어 있는 물이끼도 갉아
먹는다.

사는 곳 산골짜기, 냇물
먹이 깔다구 애벌레, 새우, 돌말
알 낳는 때 4~6월
몸길이 15~22cm

참마자 마자^북, 매자 *Hemibarbus longirostris*

참마자는 몸에 동그란 점이 여덟 개 있고, 까맣고 자잘한 점이 아주 많다. 냇물이나 강에서 산다. 물살이 느리고 모래와 잔자갈이 깔린 곳에 흔하다. 물벌레나 새우 따위를 잡아먹고 돌에 붙은 돌말도 갉아 먹는다. 바닥에서 헤엄쳐 다니다가 놀라면 모래무지처럼 모래 속으로 잘 파고든다. 꼬리지느러미를 세차게 파닥거리면서 모래 속으로 숨는다. 참마자가 들어간 곳은 모래가 불룩 솟는다. 두 손으로 모래와 함께 꾹 움키면 맨손으로도 잡을 수 있다.

어름치는 알을 낳고 잔돌로
덮어 돌무덤을 쌓는다.

사는 곳 산골짜기, 냇물
먹이 다슬기, 물벌레, 새우
알 낳는 때 4~6월
몸길이 20~40cm
고유종 | 보호종

어름치 그림치, 얼음치 *Hemibarbus mylodon*

온몸에 까만 점이 많아서 헤엄칠 때 어른거린다고 '어름치'다. 한 겨울
에도 잘 헤엄쳐 다녀서 '얼음치'라고도 한다. 맑고 깨끗한 산골짜기나
냇물에서 살고 맑은 물이 흐르는 강에도 산다. 자갈이 깔린 냇물 바닥
에서 헤엄치며 먹이를 잡아먹는다. 물벌레가 숨는 겨울부터 봄까지는
다슬기를 잡아먹는다. 다슬기를 입에 물고 돌에 탁탁 쳐서 깨뜨려 먹는
다. 4~6월에 알을 낳고는 돌무덤을 수북하게 쌓는다. 우리나라에만 사
는데 아주 귀해서 천연기념물로 보호하고 있다.

모래 속으로 숨은 모래무지

사는 곳 냇물, 강 상중하류
먹이 작은 물벌레, 물풀
알 낳는 때 5~6월
몸길이 10~20cm

모래무지 모래무치^북 *Pseudogobio esocinus*

모래무지는 모래가 쌓이고 물살이 느린 맑은 냇물과 강에서 산다. 모래
를 삼켜서 작은 물벌레나 물풀을 걸러 먹고 남은 모래는 아가미로 내뱉
는다. 깜짝 놀라면 재빨리 모래 속으로 파고 들어간다. 파고 들어간 자
리는 모래가 손등만큼 불룩 솟는다. 그 자리에 손을 넣고 더듬으면 깜
짝 놀라서 뛰쳐나오는데 살살 더듬어서 맨손으로 잡기도 한다. 냇물에
서 물장구를 치다 보면 모래무지가 놀라서 발밑으로 파고들기도 한다.

사는 곳 냇물, 논도랑, 저수지
먹이 실지렁이, 물벌레, 물풀, 풀씨
알 낳는 때 4~6월
몸길이 8~12cm

버들매치 꼬래^북, 알락마재기 *Abbottina rivularis*

버들매치는 모래무지와 많이 닮아서 얼핏 보면 새끼 모래무지 같다. 하지만 모래무지와 달리 진흙이 깔린 곳에서 산다. 몸집이 작아서 다 커도 손가락만 하고 머리도 뭉툭하다. 냇물이나 논도랑, 저수지에 흔하다. 물이 머무는 곳이나 물풀 숲을 좋아한다. 진흙을 파고 들어가 눈만 내놓고 숨기도 한다. 암컷이 알을 낳고 떠나면 수컷이 알을 지키며 새끼가 깨어 나와도 곁에서 돌본다. 알에 진흙 찌꺼기가 들러붙으면 입으로 빨아들여 깨끗하게 치운다.

사는 곳 냇물, 강 중하류
먹이 물벌레, 돌말, 플랑크톤
알 낳는 때 4~7월
몸길이 6~8cm
고유종

왜매치 | *Abbottina springeri*

몸집이 작아서 '왜매치'라는 이름이 붙었다. 돌마자와 닮았는데 몸집이
훨씬 작고 가늘다. 돌마자 입술은 우툴두툴한데 왜매치는 매끈하다. 또
온몸에 검은 점이 많다. 냇물이나 강에서 사는데, 강보다는 맑은 물이
흐르는 냇물에 더 많다. 물살이 잔잔하고 모래나 자갈이 깔린 여울 바닥
에서 떼 지어 헤엄쳐 다닌다. 서해와 남해로 흐르는 냇물에 산다. 우리
나라에만 사는데 요즘에는 물이 더러워져서 수가 점점 줄어들고 있다.

사는 곳 냇물, 강 상중류
먹이 하루살이 애벌레, 돌말
알 낳는 때 4~6월
몸길이 7~13cm
고유종 | 보호종

꾸구리 긴수염돌상어^북, 눈봉사 *Gobiobotia macrocephala*

꾸구리는 눈꺼풀이 있어서 눈을 옆으로 떴다 감았다 한다. 꼭 고양이 눈처럼 생겼다. 우리나라 민물고기 가운데 눈꺼풀이 있는 물고기는 꾸구리와 돌상어뿐이다. 맑은 물이 흐르는 냇물이나 강에서 사는데, 물 깊이가 무릎쯤 오고 돌과 자갈이 쫙 깔린 여울에서만 산다. 물살이 세도 안 떠내려가고 돌에 착 붙는다. 입가에 있는 수염 세 쌍으로 돌을 잡고 물살을 견딘다. 또 물살을 뚫고 이리저리 날래게 옮겨 다닌다. 우리나라에만 사는데 아주 드물다.

돌 위에 올라와 앉은 돌상어

사는 곳 산골짜기, 냇물
먹이 하루살이와 날도래 애벌레
알 낳는 때 4~6월
몸길이 7~14cm
고유종 | 보호종

돌상어 돌나래미, 여울돌나리 *Gobiobotia brevibarba*

돌상어는 꾸구리와 닮았는데 등에 난 무늬가 다르다. 꾸구리는 줄이 뚜렷한데 돌상어는 덜 뚜렷하고 얼룩덜룩하다. 돌상어가 무늬도 더 많고, 지느러미에 까만 점도 없다. 입수염이 네 쌍 있는데 아주 짧다. 맑은 물이 흐르는 산골짜기와 냇물에서 산다. 물살이 센 여울 바닥 잔자갈에 잘 달라붙는다. 자갈 틈으로 잘 숨고 재빠르게 이 돌 저 돌로 옮겨 다닌다. 우리나라에만 산다. 한강과 임진강, 금강 상류에 사는데 아주 드물어서 법으로 보호하고 있다.

모랫바닥에서 가만히
쉬고 있는 흰수마자

사는 곳 냇물, 강 중하류
먹이 작은 물벌레
알 낳는 때 6월
몸길이 6~10cm
고유종 | 보호종

흰수마자 낙동돌상어^북 *Gobiobotia nakdongensis*

흰수마자는 '흰 수염이 달린 마자'라는 뜻이다. 입수염이 입가에 한 쌍
있고 턱 밑에 세 쌍 있다. 모두 길고 새하얗다. 눈은 세로로 길쭉하며 툭
튀어 나왔다. 눈동자를 옆으로 이리저리 굴린다. 맑은 물이 흐르는 냇
물이나 강에서 산다. 모래가 깔리고 물살이 센 여울에서만 산다. 물살
이 느리거나 바닥에 돌이 많거나 진흙이 깔린 곳에서는 못 산다. 우리나
라에만 사는데 아주 드물어서 법으로 보호하고 있다. 낙동강, 금강, 임
진강 상류에서 산다.

모래주사는 모래나 잔자갈이
깔린 곳에서 산다.

사는 곳 강 상중류, 냇물
먹이 미생물, 작은 물벌레, 새우
알 낳는 때 4~5월
몸길이 5~10cm
고유종 | 보호종

모래주사 돌붙이[북], 꼬막가리 *Microphysogobio koreensis*

모래주사는 강과 냇물 중상류에 물살이 느리고 바닥에 모래가 깔려 있
는 곳에서 산다. 작게 떼를 지어 바닥에서 헤엄친다. 모랫바닥에 붙어
사는 미생물을 먹고, 작은 갑각류나 물벌레도 잡아먹는다. 바닥에 붙어
지느러미를 접고 쉬기도 한다. 짝짓기 철에는 수컷 몸빛이 주홍색을 띤
다. 물살이 센 곳에서 돌 틈에 떼로 모여 알을 낳는다. 우리나라에만 사
는데 아주 드물고 귀하다. 낙동강, 섬진강과 이 강으로 흐르는 냇물에서
산다.

사는 곳 산골짜기, 냇물, 강 중류
먹이 돌말, 작은 물벌레
알 낳는 때 5~7월
몸길이 5~10cm
고유종

돌마자 돌모래치[북] *Microphysogobio yaluensis*

돌 위에 잘 붙어 있다고 '돌마자'다. 돌 위에서 꼼짝 않고 쉴 때가 잦다. 놀라면 눈 깜짝할 사이에 다른 돌 위로 달아난다. 모래무지처럼 모래 속으로 파고들어 숨기도 한다. 모래무지와 닮았는데 훨씬 작다. 맑은 냇물이나 강에서 산다. 여울에는 안 살고 물살이 느리고 돌이나 모래가 깔린 곳을 좋아한다. 입에 올록볼록한 돌기가 있어서 돌에 붙은 돌말을 잘 갉아 먹는다. 바닥에 닿을 듯이 헤엄치면서 물벌레를 먹기도 한다. 우리나라에만 산다.

사는 곳 강 상중류, 냇물
먹이 돌말, 작은 물벌레
알 낳는 때 아직 모름
몸길이 5~10cm
고유종 | 보호종

여울마자 *Microphysogobio rapidus*

여울마자는 돌마자와 닮았는데 몸 가운데 굵고 노란 띠가 가로로 나 있고 가슴지느러미와 배지느러미가 조금 빨갛다. 여울에 산다고 '여울마자'다. 모래와 자갈이 깔리고 물이 빠르게 흐르는 여울에서 산다. 돌마자와 함께 어울려 살기도 한다. 여울마자는 아주 귀하고 드물어서 함부로 못 잡게 법으로 지키고 있다. 우리나라에만 사는 물고기로 1999년 낙동강에서 처음 찾았다. 낙동강이 흐르는 경상도 문경, 예천, 안동 지역에서 산다.

사는 곳 강 중하류, 냇물
먹이 작은 새우, 실지렁이, 물벌레
알 낳는 때 5~7월
몸길이 7~10cm
고유종 | 보호종

됭경모치 황둥이, 돌무거리 *Microphysogobio jeoni*

됭경모치는 돌마자와 닮았는데, 몸 색깔이 훨씬 흐리고 몸통이 날씬하다. 강과 냇물 중하류에 모래가 깔린 곳에서 산다. 바닥에서 헤엄치다가도 가만히 붙어서 쉰다. 물속 미생물, 작은 새우, 실지렁이, 물벌레 따위를 잡아먹는다. 우리나라에만 사는 물고기다. 낙동강과 이 강으로 흘러드는 냇물에 가장 많이 산다. 금강, 한강, 임진강과 이 강으로 흘러드는 물줄기에도 산다.

배가사리는 입이 아래쪽에
있고 밑을 보고 벌어진다.

사는 곳 산골짜기, 냇물
먹이 돌말, 물벌레, 유기물
알 낳는 때 5~7월
몸길이 8~15cm
고유종

배가사리 큰돌붙이[북] *Microphysogobio longidorsalis*

배가사리는 돌마자와 닮았는데 몸집이 훨씬 크고 몸통이 두툼하다. 등 지느러미가 크고 넓고 가장자리가 불룩하다. 짝짓기 때가 되면 수컷 몸이 까매지고 지느러미 가장자리가 빨갛게 바뀐다. 맑고 깨끗한 물이 흐르고, 바닥에 자갈이 깔린 냇물이나 산골짜기 여울에서 산다. 알을 낳을 때는 수십 마리가 떼로 모여든다. 겨울에도 떼로 모여 지낸다. 우리나라에만 사는 물고기다. 한강, 임진강, 금강 상류와 이 강으로 흘러드는 크고 작은 내에도 산다.

사는 곳 강 중하류
먹이 작은 게, 새우, 물벌레, 돌말
알 낳는 때 4월
몸길이 20∼25cm

두우쟁이 생새미^북 *Saurogobio dabryi*

두우쟁이는 모래무지와 닮았는데 몸이 훨씬 길다. 등지느러미 뒤부터
몸이 아주 날씬하다. 큰 강에서 살며 모래가 깔린 바닥에서 헤엄친다.
추운 겨울에는 강어귀에서 지낸다. 임진강에서 사는 두우쟁이는 강화
도까지 가서 겨울을 난다. 알을 낳는 4월 곡우 때쯤 떼 지어 강을 거슬
러 올라오는데 냇물까지 올라오기도 한다. 우리나라 한강, 금강, 임진강
에서 사는데 한강과 금강에서는 보기가 어려워졌다. 압록강과 대동강,
청천강, 예성강에도 산다.

사는 곳 강, 바다
먹이 물벌레, 물고기, 새우, 물풀
알 낳는 때 3~5월
몸길이 25~40cm

황어 붉은황어^북, 밀황어 *Tribolodon hakonensis*

황어는 바다에서 살다가 알 낳을 때가 되면 강을 거슬러 올라온다. 이른 봄에 수천 마리가 올라오는데, 이때 몸빛이 누렇게 바뀐다. 물이 맑은 강 상류까지 올라가서 자갈과 모래가 깔린 거친 여울에서 알을 낳는다. 알을 낳으면 암컷과 수컷은 모두 죽는다. 알에서 깨어 나온 새끼는 다시 바다로 내려가 살고, 다 자라면 알을 낳으러 강으로 돌아온다. 동해와 남해로 흐르는 강에서 볼 수 있다. 요즘에는 댐이나 보 때문에 물길이 막혀서 강 상류까지 잘 올라오지 못한다.

사는 곳 산골짜기
먹이 옆새우, 작은 물벌레, 물이끼
알 낳는 때 4~5월
몸길이 6~8cm

연준모치 모치^북, 가물떼기, 챙피리 *Phoxinus phoxinus*

연준모치는 강원도 산골짜기 몇몇 곳에만 사는 아주 드문 물고기다. 물 온도가 23℃ 아래인 찬물에서만 산다. 금강모치와 함께 살기도 하는데, 금강모치보다 더 드물다. 물살이 아주 센 여울 아래 소에서 떼로 헤엄쳐 다닌다. 쉴 새 없이 이리저리 재빠르게 헤엄친다. 여름에는 무리를 지어 살고 겨울에는 바위 밑이나 물가 돌 밑에서 꼼짝 안 한다. 사오월 짝짓기 철에는 수컷 몸통이 노래지고 배, 가슴, 뒷지느러미와 입술이 빨개진다.

사는 곳 산골짜기
먹이 옆새우, 물벌레, 물고기 알, 물이끼
알 낳는 때 4~7월
몸길이 10~15cm

버들치 버들피리 *Rhynchocypris oxycephalus*

버들잎처럼 생겼다고 '버들치'다. 우리나라 산골짜기 어디서나 흔하다. 산골짜기와 맑은 물이 흐르는 냇물 여울에서 수십 마리가 떼로 모여 줄 줄이 헤엄쳐 다닌다. 무엇에 놀라면 흩어져서 가랑잎이나 돌 밑에 들어 가 숨는다. 밖이 잠잠해졌다 싶으면 하나둘 다시 모여든다. 돌 틈이나 가랑잎을 주둥이로 뒤적거리면서 물벌레나 옆새우를 잡아먹는다. 날벌 레를 잡아먹기도 하고 돌에 붙은 물이끼도 먹는다. 추운 겨울에도 아랑 곳하지 않고 헤엄쳐 다닌다.

사는 곳 산골짜기
먹이 옆새우, 물벌레, 물고기 알, 물풀
알 낳는 때 4~6월
몸길이 12cm

버들개 동북버들치[북] *Rhynchocypris steindachneri*

버들개는 버들치와 똑 닮아서 서로 가려내기가 쉽지 않다. 몸통과 머리
가 버들치보다 가늘고, 몸통에 난 까만 줄이 버들치보다 굵고 뚜렷하다.
비늘 크기는 버들개가 훨씬 작다. 아주 흔한 버들치와 달리 동해로 흐르
는 맑고 차가운 산골짜기와 냇물, 서해로 흐르는 한강 맨 상류에서 드물
게 산다. 물살이 안 센 여울에서 큰 놈과 작은 놈들이 떼로 어울려 헤엄
쳐 다닌다. 강원도 강릉, 고성, 속초, 양양에서 많이 산다.

사는 곳 산골짜기
먹이 옆새우, 작은 물벌레, 물이끼
알 낳는 때 4~5월
몸길이 7~8cm
고유종

금강모치 산버들치 *Rhynchocypris kumgangensis*

금강산에서 처음 찾았다고 '금강모치'다. 버들개와 생김새가 닮았는데,
몸집이 작고 등지느러미에 까만 줄이 하나 있다. 큰 바위가 많은 깊은
산골짜기 아주 맑고 차가운 물에서만 산다. 물이 콸콸 쏟아지는 웅덩이
에서 열 마리쯤 떼를 지어 이리저리 헤엄쳐 다니고, 돌 틈이나 큰 바위
밑으로 잘 숨는다. 짝짓기 철이면 수컷 몸에 귤색 줄무늬가 진해지고 배
에도 하나 생긴다. 강원도 깊은 산골짜기와 전라도 금강 상류에서만 사
는 아주 드물고 귀한 물고기다.

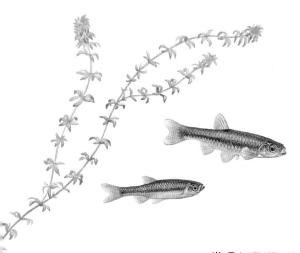

사는 곳 논도랑, 냇물, 저수지, 늪
먹이 장구벌레, 물풀, 날벌레
알 낳는 때 5~6월
몸길이 4~6cm

왜몰개 눈달치[북], 용달치 *Aphyocypris chinensis*

왜몰개는 '작은 몰개'라는 뜻이다. 이름과 달리 몰개 무리와 안 닮았다. 몰개 무리는 몸통이 통통한데 왜몰개는 납작하다. 입수염도 없다. 오히려 송사리와 헷갈리는데 왜몰개 몸집이 더 크다. 냇물이나 논도랑에 살고 물이 고여 있는 저수지나 늪에서도 산다. 물살이 없거나 느리고 물풀이 수북하게 난 곳에서 떼 지어 헤엄쳐 다닌다. 장구벌레를 잘 잡아먹고 물 위로 조금 뛰어올라서 작은 날벌레도 잡아먹는다. 옛날에는 아주 흔했는데 요즘에는 점점 줄고 있다.

수컷

암컷

맑은 물이 흐르는 산골짜기에서
헤엄치는 갈겨니

사는 곳 산골짜기
먹이 작은 물벌레, 물이끼
알 낳는 때 6~8월
몸길이 10~17cm

갈겨니 눈검쟁이, 눈검지 *Zacco temminckii*

갈겨니는 피라미와 닮았는데, 피라미보다 눈이 훨씬 크고 몸통에 검고
굵은 줄이 또렷이 나 있다. 차고 맑은 물을 좋아한다. 예전에는 피라미
보다 더 흔했다. 산골짜기나 냇물에서 살고, 맑은 물이 흐르는 강에서도
산다. 여울에서도 물살을 가르며 잘 헤엄치고 물살이 느린 곳도 좋아한
다. 한여름에는 곧잘 물을 차고 뛰어올라서 물 위를 날아다니는 하루살
이나 잠자리 같은 날벌레를 잡아먹는다. 짝짓기 때가 되면 수컷 배와 눈
이 빨개진다.

암컷

수컷

사는 곳 산골짜기
먹이 물벌레, 날벌레
알 낳는 때 6~8월
몸길이 13~20cm
고유종

참갈겨니 불지네^북, 산골부러지 *Zacco koreanus*

참갈겨니는 갈겨니와 거의 똑같이 생겼는데 몸집이 조금 더 크다. 두 종을 얼핏 보고 가르기는 쉽지 않다. 참갈겨니는 갈겨니보다 몸이 노랗고 눈에 빨간 점도 없다. 참갈겨니는 동해로 흐르는 냇물을 비롯한 온 나라 곳곳에 사는데, 갈겨니는 우리나라 남부 지역에만 산다. 두 종이 같은 냇물에 살기도 하는데, 참갈겨니는 여울을 더 좋아하고 갈겨니는 물살이 느린 곳에서 헤엄친다. 내내 같은 종으로 여기다가 2005년에 다른 종으로 나누었다.

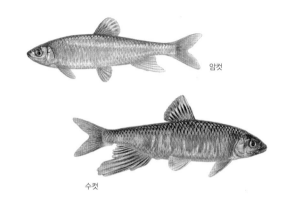

암컷

수컷

사는 곳 냇물, 강 중하류, 저수지
먹이 물벌레, 날벌레, 물풀
알 낳는 때 6~8월
몸길이 10~17cm

피라미 행베리^북, 불거지 *Zacco platypus*

피라미는 우리나라 물길 어디에나 흔하다. 냇물에 많고 강이나 저수지
에도 산다. 수십 마리가 떼 지어 이리저리 헤엄쳐 다닌다. 돌에 붙어 있
는 물이끼나 물풀을 먹고 작은 물벌레도 잡아먹는다. 물 위로 뛰어 올
라서 하루살이 같은 날벌레를 잡아먹기도 한다. 한여름 저물녘에 수십
마리가 뛰어올라 냇물에서 반짝거리는 모습을 볼 수 있다. 짝짓기 때가
되면 수컷 몸이 울긋불긋해 진다. 암컷은 은빛 그대로다. 물이 조금 더
러워져도 잘 산다.

혼인색을 띤 수컷

사는 곳 강 중하류, 저수지, 댐
먹이 물고기, 물벌레, 새우, 날벌레
알 낳는 때 5~7월
몸길이 20~40cm

끄리 어헤^북 *Opsariichthys uncirostris amurensis*

끄리는 큰 강이나 저수지에서 산다. 댐처럼 물이 고여 있는 곳을 좋아
한다. 강에서는 물살이 느리고 폭이 넓은 곳에 많다. 물을 차면서 물 위
로 펄쩍펄쩍 잘 뛰어 오른다. 피라미랑 닮았는데 몸집이 훨씬 크다. 입도
크고 삐뚤삐뚤하다. 물고기를 쫓아다니면서 큰 입으로 덥석 물어서 잡
아먹는다. 새끼는 피라미랑 더욱 닮았다. 사람들이 강에서 견지낚시로
많이 잡는다. 잡아 놓으면 물 밖으로 마구 뛰어오르고 성질이 급해서 금
방 죽는다.

사는 곳 강어귀
먹이 물풀, 물벌레, 물고기 알
알 낳는 때 6~8월
몸길이 20~30cm

눈불개 홍안자[북] *Squaliobarbus curriculus*

눈에 있는 눈동자 위에 커다랗고 붉은 점이 있어서 '눈불개'라는 이름
이 붙었다. 우리 둘레에 흐르는 작은 강이나 냇물에서는 보기가 어렵다.
물이 깊은 곳에서 사는데 강과 바다가 만나는 강어귀에서 볼 수 있다.
물이 천천히 흐르는 곳에서 혼자 지내는데, 물에 가만히 떠 있기를 좋
아한다. 짝짓기 철에는 무리를 지어 헤엄쳐 다닌다. 돌말과 물풀, 물벌레
와 물고기 알 따위를 안 가리고 먹는다. 한강, 금강과 만경강 어귀에서
가끔 보인다.

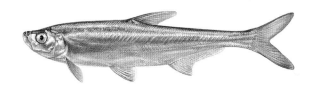

강준치 먹잇감

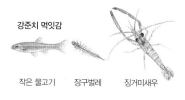

작은 물고기　　장구벌레　　징거미새우

사는 곳 강 중하류, 저수지, 댐
먹이 작은 물고기, 게, 새우, 물벌레
알 낳는 때 5~7월
몸길이 40~50cm

강준치 우레기, 물준치 *Erythroculter erythropterus*

강준치는 큰 강이나 댐에서 산다. 아주 깊은 냇물에도 사는데 물살이 느린 곳을 좋아한다. 물낯 가까이에서 떼로 헤엄을 치다가 물 위로 뛰어 오르기도 한다. 작은 물고기, 작은 게나 새우, 물벌레를 잡아먹는다. 물이 조금 더러워도 잘 견딘다. 짝짓기 철에는 강어귀로 내려가서 알을 낳아 물풀에 붙인다. 어린 새끼들은 바닷가에서 무리 지어 산다. 강준치는 손맛이 좋아서 낚시꾼들이 많이 잡는다. 잡아 놓으면 뛰어 오르고 부딪치며 난리를 친다.

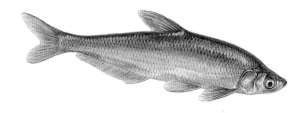

사는 곳 강 중하류, 늪, 저수지
먹이 새우, 게, 물벌레, 어린 물고기
알 낳는 때 5~7월
몸길이 20~25cm
보호종

백조어 냇뱅어^북 *Culter brevicauda*

백조어는 강준치와 닮았는데 더 납작하고 등이 불룩하다. 강준치처럼 입이 위로 뾰죽 솟아 있다. 물살이 느린 큰 강 중류와 하류에 살고, 늪과 호수에도 산다. 게와 새우, 물벌레, 어린 물고기를 잡아먹는다. 5~7월 사이에 알을 낳는다. 한강, 낙동강, 금강, 영산강에 살고 북녘에 있는 대동강에도 산다. 요즘에는 수가 많이 줄어서 '멸종 위기 야생 동물'로 정해서 보호하고 있다.

살치는 작은 새우나
실지렁이를 먹는다.

사는 곳 강 하류, 저수지, 댐
먹이 실지렁이, 새우, 물풀, 풀씨
알 낳는 때 6~7월
몸길이 15~20cm

살치 은치, 언어, 치리 *Hemiculter leucisculus*

화살처럼 생겼다고 '살치'다. 몸통이 길쭉하고 납작하며 주둥이가 뾰족
하다. 위턱보다 아래턱이 조금 더 튀어나왔다. 등은 둥그렇게 휘었고 몸
통에 누르스름한 가는 줄이 하나 있다. 언뜻 보면 피라미 암컷과도 닮
았다. 비늘이 얇아서 손으로 잡으면 잘 벗겨진다. 물이 아주 천천히 흐
르는 강 하류에 흔하다. 커다란 저수지나 댐에서도 산다. 물낯 가까이에
서 수십 마리가 떼 지어 헤엄친다. 늦가을이 되면 물이 깊은 강어귀로
가서 겨울을 난다.

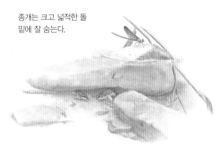

종개는 크고 넓적한 돌
밑에 잘 숨는다.

사는 곳 산골짜기, 냇물
먹이 물벌레, 돌말
알 낳는 때 5~6월
몸길이 10~15cm

종개 수수종개, 무늬미꾸라지 *Barbatula toni*

종개는 미꾸라지처럼 몸이 가늘고 길쭉하다. 몸통이 노란데 밤빛 무늬
가 얼룩덜룩 나 있다. 주둥이가 툭 튀어나왔고 입가에 수염이 세 쌍 있
다. 산골짜기나 아주 맑고 차가운 물에서만 산다. 모래와 자갈이 깔린
여울에서 이리저리 재빠르게 헤엄쳐 다닌다. 모랫바닥에 붙어 가만히
쉬거나 자갈을 파고들며 돌 밑에도 잘 숨는다. 큰 돌 밑에는 여러 마리
가 숨어 있다. 강원도 강릉 남대천보다 북쪽에서 동해로 흐르는 냇물이
나 강에 산다.

사는 곳 산골짜기, 냇물
먹이 물벌레, 돌말
알 낳는 때 4~5월
몸길이 10~20cm

대륙종개 말종개[북], 산미꾸리 *Barbatula nuda*

몽골과 중국 대륙에도 널리 산다고 '대륙종개'다. 종개와 많이 닮았는
데, 대륙종개 몸집이 더 크다. 몸통에 난 무늬는 종개보다 더 작고 빽빽
하다. 눈이 작고 입수염이 세 쌍 났다. 차갑고 아주 맑은 물이 흐르는 산
골짜기나 냇물에서 산다. 바닥에 자갈이나 모래가 깔린 여울 바닥에서
헤엄친다. 떼 지어 몰려다니면서 돌이나 자갈 밑에 잘 숨는다. 한강으로
흘러드는 강 상류와 동해로 흘러드는 강원도 삼척 마읍천, 낙동강 상류
에도 산다.

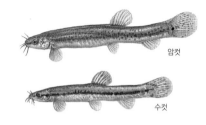

암컷

수컷

암컷과 수컷이
진흙이 깔린 논도랑에서
헤엄친다.

사는 곳 논도랑, 늪, 냇물
먹이 물벌레, 물이끼, 풀씨, 진흙
알 낳는 때 4~6월
몸길이 5~6cm

쌀미꾸리 쌀미꾸라지^북, 옹고지 *Lefua costata*

쌀미꾸리는 우리나라 곳곳에 산다. 논도랑이나 웅덩이, 늪, 작은 개울에
도 산다. 물이 얕고 진흙이 깔리고 물풀이 수북한 논도랑에서 헤엄쳐
다닌다. 맑고 차가운 물이 내려오는 산 바로 아래 논도랑에 많다. 미꾸
라지처럼 진흙을 파고들기도 하고 물풀 뿌리를 뒤지고 들어가기도 한
다. 미꾸라지보다 헤엄을 훨씬 잘 친다. 작은 물벌레나 물이끼를 먹고 풀
씨나 진흙도 먹는다. 다 자라도 새끼손가락만 하다.

사는 곳 논, 논도랑, 냇물, 늪
먹이 장구벌레, 실지렁이, 물이끼
알 낳는 때 6~7월
몸길이 10~17cm

미꾸리 참미꾸라지 *Misgurnus anguillicaudatus*

미꾸리는 미꾸라지처럼 물속에서 방귀를 뀌듯이 똥구멍에서 공기 방울
이 나온다. 가끔 물낯으로 올라와 물 밖으로 입을 뻐끔거리고는 물 밑
으로 내려간다. 논이나 논도랑, 웅덩이에서 산다. 늪이나 냇물에도 흔하
다. 물살이 느리고 바닥에 진흙이 깔린 곳에 많다. 몸이 길쭉하고 미끌
미끌해서 진흙을 잘 파고 다닌다. 여름에 날이 가물면 진흙 깊숙이 파고
들고, 날이 추워지면 진흙 속으로 들어가 꼼짝 않고 겨울을 난다. 잡아
서 추어탕을 끓여 먹는다.

논바닥에서 뒤엉켜 헤엄치는 미꾸라지

사는 곳 논, 논도랑, 늪, 냇물
먹이 장구벌레, 물벌레, 물이끼
알 낳는 때 4~6월
몸길이 20cm

미꾸라지 당미꾸리^북, 논미꾸람지 *Misgurnus mizolepis*

미꾸라지와 미꾸리는 서로 닮았다. 미꾸라지 몸이 조금 더 길고, 머리와 몸통이 조금 납작하다. 미꾸리는 더 둥글다. 미꾸라지는 꼬리자루에 점이 없고, 입수염이 미꾸리보다 길다. 두 종 모두 입으로 공기를 들이마시고 배로도 숨을 쉰다. 미꾸라지는 논에 흔하고 미꾸리는 냇물에 더 흔하다. 논바닥에서 꼬불탕꼬불탕 헤엄쳐 다닌다. 손으로 잡으면 손가락 사이로 쏙쏙 잘도 빠져나간다. '꾸리룩 꾸리룩'하고 소리를 내기도 한다. 잡아서 추어탕을 끓여 먹는다.

사는 곳 산골짜기, 냇물
먹이 물벌레, 돌말
알 낳는 때 5~8월
몸길이 12~22cm
고유종

새꼬미꾸리 흰무늬하늘종개^북 *Koreocobitis rotundicaudata*

새꼬미꾸리는 온몸이 온통 빨갛다. 주둥이 끝에서 머리 뒤쪽까지 희끄
무레한 굵은 줄이 있다. 이 줄이 꼭 새 부리 같다고 '새꼬미꾸리'다. 미
꾸라지는 진흙탕에서 사는데 새꼬미꾸리는 아주 맑은 물이 흐르는 산
골짜기나 냇물에서만 산다. 물살이 빠른 여울에서 돌 틈을 들락날락하
고 넓적한 돌 밑에 들어가 잘 숨는다. 한강이나 임진강으로 흐르는 냇물
에서만 산다. 눈 밑에 작은 가시가 있다. 잡아서 만지면 가시를 세워 찌
르는데 따갑다.

사는 곳 산골짜기, 냇물, 강 중류
먹이 물벌레, 돌말
알 낳는 때 5~6월
몸길이 12~20cm
고유종 | 보호종

얼룩새코미꾸리 호랑이미꾸라지 *Koreocobitis naktongensis*

얼룩새코미꾸리는 새코미꾸리와 생김새가 닮았는데 몸빛은 많이 다르다. 얼룩새코미꾸리는 노랗고, 새코미꾸리는 주황색이다. 얼룩새코미꾸리는 몸통에 난 무늬도 훨씬 크고, 가슴지느러미에 굵은 점이 있다. 꼬리지느러미 끝은 새코미꾸리와 다르게 곧다. 또 얼룩새코미꾸리는 낙동강 물줄기에만 살고, 새코미꾸리는 한강과 임진강 물줄기에 산다. 산골짜기에는 적고, 아주 맑은 물이 흐르는 냇물이나 강 중, 상류에 산다. 우리나라에만 사는 물고기다.

사는 곳 산골짜기, 냇물, 강 중류
먹이 물벌레, 돌말
알 낳는 때 6~7월
몸길이 8~18cm
고유종

참종개 기름쟁이, 말미꾸라지 *Iksookimia koreensis*

참종개는 미꾸라지처럼 몸이 가늘고 길쭉하고 미끌미끌하다. 몸통에 얼룩덜룩한 검은 무늬가 줄줄이 있고, 머리에는 자잘한 까만 점이 많다. 두 눈 밑에 작은 가시가 있어서 손으로 머리를 만지면 가시를 세워 찌르기도 한다. 맑은 물이 흐르는 냇물이나 강에서 산다. 모래와 잔자갈이 깔린 바닥에서 슬슬 기어 다닌다. 모래 위에 가만히 있다가도 잽싸게 모래를 파고 들어가서 잘 숨고 주둥이와 눈만 모래 밖으로 내놓기도 한다. 우리나라에만 산다.

부안종개는 모래를 파고들어 잘 숨는다.

사는 곳 냇물, 강 중류
먹이 물벌레, 돌말
알 낳는 때 5~7월
몸길이 6~8cm
고유종 | 보호종

부안종개 호랑이미꾸라지, 양시라지 *Iksookimia pumila*

부안종개는 전북 부안에 있는 백천에서 1987년에 처음 찾아냈다. 다 커도 어른 손가락만 하다. 참종개와 닮았는데 훨씬 작고, 등에 난 얼룩무늬가 둥글둥글하고 큼지막하다. 몸통 옆줄을 따라 동그란 점이 5~10개 있다. 물이 맑고 바위가 많은 곳에서 산다. 돌 틈과 모랫바닥에서 헤엄치면서 먹이를 잡아먹는다. 모래 알갱이를 입에 넣고 돌말을 걸러 먹기도 한다. 모래 속으로 파고들어 머리만 내밀고 밖을 살피기도 한다. 수가 적어 함부로 잡으면 안 된다.

사는 곳 산골짜기, 냇물
먹이 작은 물벌레, 물이끼
알 낳는 때 5~7월
몸길이 10~18cm
고유종

왕종개 기름미꾸라지, 얼룩미꾸라지 *Iksookimia longicorpus*

몸이 크다고 '왕종개'다. 미꾸리과 가운데 몸이 가장 길고 굵다. 참종개
와 닮았는데 등에서 배로 내려오는 까만 띠무늬가 훨씬 굵직굵직하다.
아가미 바로 뒤에 있는 첫 번째 무늬가 아주 시커멓다. 두 번째 무늬까지
진한 것도 있다. 꼬리지느러미 위에 작고 까만 점이 아주 뚜렷하다. 물살
이 빠르고 자갈이 깔린 산골짜기나 냇물에서 산다. 바닥에서 꼼짝 않고
있다가도 눈 깜짝할 사이에 돌 밑으로 잘 숨는다. 1976년에 섬진강에서
처음으로 찾아냈다.

북방종개가 모랫바닥에서
쉬고 있다.

사는 곳 냇물, 강 중하류
먹이 작은 물벌레, 돌말
알 낳는 때 6~8월
몸길이 8~10㎝
고유종

북방종개 눈댕이 *Iksookimia pacifica*

북쪽에 사는 종개라고 '북방종개'다. 얼핏 보면 미호종개와 닮았다. 북
방종개 몸에 난 무늬가 미호종개보다 큼직큼직하다. 미호종개는 충청도
에 살고 북방종개는 강릉 남대천보다 북쪽에서 동해로 흐르는 물줄기
에 산다. 모래가 깔린 바닥에 숨어 지낸다. 모래 속에 사는 작은 물벌레
를 잡아먹고 모래에 붙은 돌말도 먹는다. 짝짓기 때가 되면 수컷이 암컷
몸을 감고 조여서 알을 짜낸다. 우리나라에만 사는 물고기다.

모랫바닥에서 먹이를 찾는 남방종개

사는 곳 냇물, 강 중하류
먹이 작은 물벌레, 돌말
알 낳는 때 5~6월
몸길이 10~15㎝
고유종

남방종개 기름지, 뽀드락지 *Iksookimia hugowolfeldi*

남쪽에 산다고 '남방종개'다. 우리나라에만 사는데, 전라남도에서 서해와 남해로 흐르는 작은 물줄기에 산다. 영산강 물줄기에 많이 산다. 섬진강과 낙동강에 사는 왕종개와 매우 닮았다. 남방종개는 왕종개보다 몸이 더 뭉툭하고 머리가 크고, 입수염 세 쌍이 더 길다. 물살이 느리고 자갈과 모래가 섞여 있는 바닥에서 헤엄친다. 모래에 붙은 돌말이나 돌이끼와 물벌레를 먹고 산다. 사는 모습은 아직 덜 알려졌다.

동방종개 몸통 가운데는
통통하지만 머리 쪽은 가늘고
꼬리자루는 잘록하다.

사는 곳 냇물, 강 중하류
먹이 작은 물벌레
알 낳는 때 6~7월
몸길이 10~12 cm
고유종

동방종개 꼬들래미, 기름장군 *Iksookimia yongdokensis*

동쪽에 사는 종개라고 '동방종개'다. 등에 점무늬가 7~9개 있고 몸통
옆에도 점무늬가 있다. 우리나라 동해로 흐르는 냇물과 경상도에 있는
형산강과 영덕에 있는 오십천, 축산천, 송천천에만 산다. 냇물과 강 중
하류에 자갈과 모래가 깔린 바닥에서 물벌레를 먹고 산다. 6~7월에 알
을 낳는데, 다른 종개 무리처럼 수컷이 암컷을 감고 조이며 알 낳는 암
컷을 돕는다. 수컷 가슴지느러미에는 딱딱한 뼈가 있어서 암컷 배를 누
른다.

사는 곳 냇물
먹이 작은 물벌레, 돌말
알 낳는 때 5~6월
몸길이 10~15cm
고유종

기름종개 모래미꾸리, 자갈미꾸라지 *Cobitis hankugensis*

기름종개는 경상도에 흐르는 낙동강과 형산강과 이 강으로 흘러드는 냇물에만 산다. 모래가 많이 깔린 곳에서 재빠르게 헤엄친다. 모래에 붙은 돌말이나 물벌레를 먹고 산다. 몸통에는 점무늬가 꼬리까지 쭉 길게 늘어서서 줄무늬를 이룬다. 이런 줄이 넉 줄 있는데, 줄 하나에 동그랗고 길쭉한 점이 10~13개쯤 있다. 짝짓기 때에는 암컷은 점과 줄무늬가 그대로인데, 수컷은 점이 붙어서 줄처럼 이어진다. 2003년에 새로운 종으로 나누었다.

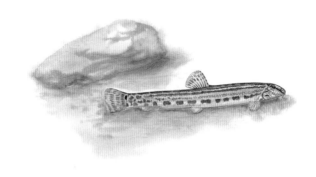

사는 곳 냇물, 강 중하류
먹이 작은 물벌레, 돌말
알 낳는 때 5~6월
몸길이 8㎝

점줄종개 꼬들래미, 기름장군 *Cobitis lutheri*

몸통에 점이 줄지어 있다고 '점줄종개'다. 머리 뒤에서 꼬리자루까지 거
무스름한 굵은 줄이 하나 있다. 암컷은 옆줄 밑에 굵은 점이 띄엄띄엄
한 줄로 나 있고, 수컷은 쭉 이어진다. 줄무늬와 점무늬 사이에는 깨알
처럼 작은 점이 또 있다. 맑은 물이 흐르고 물살이 느린 냇물이나 강에
서 산다. 모랫바닥에 살면서 모래 속으로 잘 파고든다. 수컷이 암컷 몸
을 둘둘 감고 조여서 알 낳기를 돕는다. 서해와 남해로 흐르는 냇물이
나 강에 산다.

사는 곳 냇물, 강 중하류
먹이 작은 물벌레, 돌말
알 낳는 때 6~8월
몸길이 10㎝
고유종

줄종개 기름도둑, 모래미꾸리 *Cobitis tetralineata*

몸에 줄무늬가 있다고 '줄종개'다. 기름종개와 점줄종개, 줄종개는 닮
았지만 가장 아래쪽 점무늬가 다르다. 기름종개는 점이 또렷하고, 점줄
종개는 점이 가늘다. 줄종개는 점이 안 끊기고 줄처럼 이어진다. 하지만
짝짓기 때는 기름종개와 점줄종개 수컷 무늬도 이어져서 가려내기가 어
렵다. 전라도 섬진강과 칠보천 상류에서 물벌레나 돌말을 먹고 산다. 모
래 몇 알을 입에 넣고 오물거리다가 도로 내뱉는다. 모래 위에 가만히 있
다가도 곧잘 모래를 파고 쏙 숨는다.

모래를 파고 들어가 머리만
내놓고 있는 미호종개

사는 곳 냇물, 강 중류
먹이 작은 물벌레, 돌말
알 낳는 때 5~7월
몸길이 7~12cm
고유종 | 보호종

미호종개 *Cobitis choii*

충청북도 미호천에서 찾았다고 '미호종개'다. 물이 무릎쯤 오고 바닥
에 가늘고 고운 모래가 깔리고 맑은 물이 흐르는 냇물에서만 산다. 조
금 여울진 곳을 좋아한다. 참종개와 닮았는데 몸이 더 가늘다. 꼬리자
루로 갈수록 더 가늘고 잘록하다. 모래에 몸을 파묻고 숨어 살아서 눈
에 잘 안 띈다. 비가 많이 와서 물살이 세지면 모래 속으로 발목 깊이까
지 파고 들어가서 숨는다. 우리나라에만 사는데 아주 드물어서 미호천
둘레에 있는 몇몇 냇물에만 산다.

사는 곳 산골짜기, 냇물
먹이 작은 물벌레, 돌말
알 낳는 때 4~5월
몸길이 15~18cm
고유종

수수미꾸리 줄무늬하늘종개^북 *Kichulchoia multifasciata*

수수미꾸리는 얼룩덜룩한 무늬가 온몸을 뒤덮고 있어서 '호랑이미꾸라
지'라고도 한다. 온몸이 노랗고 몸통에 세로로 큼지막하고 까만 줄무늬
가 많다. 머리와 입수염과 가슴, 배, 뒷지느러미는 불그스름하다. 머리
에는 까만 점들이 빼곡하다. 맑고 차가운 물이 흐르는 냇물이나 산골짜
기에서 산다. 큰 자갈과 모래가 깔리고 물살이 빠른 여울에서 사는데,
큰 돌 밑에 잘 숨는다. 우리나라 낙동강 상류나 낙동강으로 흘러드는
물줄기에 아주 드물게 산다.

좀수수치는 잔돌이 깔린
물 바닥에서 산다.

사는 곳 산골짜기, 냇물
먹이 작은 물벌레, 물이끼
알 낳는 때 4~5월
몸길이 5㎝
고유종 | 보호종

좀수수치 *Kichulchoia brevifasciata*

좀수수치는 새끼손가락만 하다. 우리나라에 사는 미꾸리 무리 가운데
가장 작다. 몸은 누런데 짙은 밤색 무늬가 얼룩덜룩 나 있다. 산골짜기
와 냇물에서 사는데, 물이 무릎까지 오고 모래와 자갈이 깔린 곳에서
산다. 여울 바로 아래 웅덩이진 곳을 좋아한다. 작은 물벌레를 잡아먹
고 물이끼도 먹는다. 우리나라에만 산다. 1995년에 전라남도 여수시 금
오도에서 처음 찾았다. 수가 점점 줄고 있어서 함부로 잡으면 안 된다.

돌 밑에 잘 숨는 동자개

어린 동자개는
어미와 똑 닮았다.

사는 곳 강 중하류, 냇물, 저수지
먹이 작은 물고기, 새우, 물벌레
알 낳는 때 5~7월
몸길이 10~20㎝

동자개 자개^북, 빠가사리 *Pseudobagrus fulvidraco*

동자개는 냇물, 강, 저수지에서 산다. 물이 따뜻하고 흐리며, 물살이 느
리고 모래나 진흙이 깔린 곳을 좋아한다. '빠가 빠가' 소리를 내서 흔
히 '빠가사리'라고 한다. 낮에는 돌 밑이나 바위틈에 숨어 있다가 밤에
나와서 먹이를 찾아다닌다. 겨울에는 깊은 물속 큰 바위 밑에 수십 마
리가 들어가 겨울을 난다. 맛이 좋아서 사람들이 강에서 그물로 잡고
일부러 기르기도 한다. 가슴, 등지느러미 끝에는 억세고 뾰족한 가시가
있어서 찔리면 따갑고 아프다.

눈동자개는 바위틈이나
돌 밑에 잘 숨는다.
입가에 수염이 네 쌍 있다.

사는 곳 강 중하류, 냇물
먹이 작은 물고기, 물벌레
알 낳는 때 5~7월
몸길이 20~30cm
고유종

눈동자개 황빠가, 종자개 *Pseudobagrus koreanus*

눈과 눈두덩이 새까맣고 눈이 크다고 '눈동자개'다. 동자개와 닮았는데 몸통이 훨씬 길쭉하고 가늘다. 온몸이 누런 밤색에 얼룩덜룩한 검은 무늬가 있다. 등, 가슴지느러미에는 가시가 있다. 바위가 많고 진흙이 깔린 큰 강에 많다. 밤에 나와서 먹이를 찾는다. 5~7월에 암컷과 수컷 여러 마리가 모여 가슴지느러미 가시로 진흙 바닥을 움푹 파고 알을 낳는다. 겨울에는 큰 돌 밑에 떼로 들어가 지낸다. 서해와 남해로 흐르는 강이나 냇물에서만 산다.

사는 곳 산골짜기, 냇물
먹이 작은 물고기, 물벌레
알 낳는 때 5~7월
몸길이 8~10㎝
고유종 | 보호종

꼬치동자개 어리종개[북] *Pseudobagrus brevicorpus*

꼬치동자개는 동자개 무리 가운데 가장 작다. 다 커도 어른 손가락만 하다. 몸에 샛노란 무늬가 얼룩덜룩 나 있다. 아주 맑은 물이 흐르고 바닥에 잔돌이 깔린 냇물에서 산다. 여울 아래 물살이 잦아들어 느리게 흐르고 물이 허리쯤 오는 곳을 좋아한다. 낮에는 숨어 있고 저물녘에 나온다. 우리나라 낙동강 상류와 이 강으로 흘러드는 냇물에만 산다. 아주 드물고 귀해서 함부로 잡지 못하게 법으로 정해 보호하고 있다.

사는 곳 강 중하류, 냇물
먹이 작은 물고기, 실지렁이, 새우
알 낳는 때 5~7월
몸길이 30~40㎝

대농갱이 농갱이^북, 그렁치 *Leiocassis ussuriensis*

대농갱이는 동자개 무리 가운데 몸집이 가장 크다. 눈동자개와 가려내기 어려울 만큼 닮았는데, 눈동자개보다 입수염이 훨씬 짧고 몸 무늬가 거의 없다. 눈동자개는 가슴지느러미 가시 안쪽과 바깥쪽에 모두 톱니가 있지만 대농갱이는 안쪽에만 있다. 가슴지느러미 가시를 세우고 비벼서 '꾸꾸' 소리를 낸다. 물살이 느리고 바닥에 모래와 진흙이 깔린 큰 강에서 많이 산다. 몸을 숨길 큰 바위가 있는 곳을 좋아한다. 서해로 흐르는 강과 냇물에서 산다.

사는 곳 강 중하류, 강어귀
먹이 작은 물고기, 물벌레, 새우
알 낳는 때 5〜6월
몸길이 10〜15㎝

밀자개 소꼬리^북, 백자개, 밀빠가 *Leiocassis nitidus*

밀자개는 몸이 조금 누런데 거무스름한 무늬가 큼직큼직하게 나 있다. 옆줄이 이 무늬를 가르고 쭉 지나간다. 주둥이 끝에 난 입수염 한 쌍만 길고 나머지 세 쌍은 짧다. 바닷물이 들락날락하는 강어귀에서 산다. 밀물 때 강 위쪽으로 거슬러 올라가고 썰물 때 내려온다. 알 낳을 때가 되면 강 중류까지 올라와 떼를 지어 알을 낳는다. 알을 낳은 뒤에는 다시 강어귀로 내려간다. 날씨가 추워지는 10〜11월에 사람들이 강어귀에서 많이 잡는다.

수컷이 암컷 배를 칭칭 휘감고
짝짓기를 한다.

사는 곳 강 중하류, 냇물, 저수지, 늪
먹이 물고기, 물벌레, 개구리
알 낳는 때 5~7월
몸길이 30~50㎝

메기 미기, 며기, 미거지 *Silurus asotus*

메기는 어디에나 흔하다. 물살이 느리고 바닥에 진흙이 깔린 곳을 좋아
한다. 온몸에 얼룩덜룩한 풀색 무늬가 있어서 바닥에 배를 깔고 납작하
게 숨으면 감쪽같다. 낮에는 물풀 속이나 바위 밑에 숨어 있다가 밤에
나와서 긴 수염 두 쌍을 이리저리 더듬어 먹이를 찾는다. 이것저것 안
가리고 닥치는 대로 잡아먹는다. 물이 마르면 진흙을 파고 들어가 지내
기도 한다. 40년을 사는 메기도 있다. 잡아서 매운탕을 끓여 먹는다. 요
즘에는 사람들이 많이 기른다.

사는 곳 산골짜기, 냇물
먹이 작은 물고기, 새우, 물벌레
알 낳는 때 4~6월
몸길이 15~25㎝
고유종

미유기 는메기^북, 산골메기 *Silurus microdorsalis*

미유기는 산골짜기에서 사는 메기라고 '산메기'라고도 한다. 메기랑 아
주 많이 닮았는데 몸집이 훨씬 작다. 메기는 몸이 통통한데 미유기는
가늘고 길다. 새끼 메기와 헷갈리기도 한다. 메기는 강에 많지만 미유기
는 바위와 돌이 많은 산골짜기 맑고 차가운 물에서 산다. 낮에는 바위
밑에 숨어 있다가 밤에 나와서 돌아다닌다. 머리가 작고 납작해서 돌 틈
을 잘 비집고 들어간다. 좁은 돌 틈이나 바위 밑을 들락날락하면서 먹
이를 잡아먹는다.

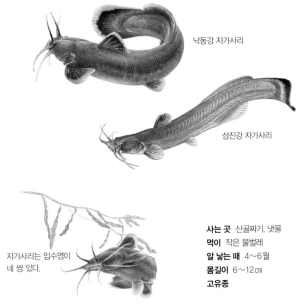

낙동강 자가사리

섬진강 자가사리

자가사리는 입수염이
네 쌍 있다.

사는 곳 산골짜기, 냇물
먹이 작은 물벌레
알 낳는 때 4~6월
몸길이 6~12㎝
고유종

자가사리 남방쏠자개^북 *Liobagrus mediadiposalis*

자가사리는 온몸이 누렇고 몸에 비늘이 없어서 살갗이 매끈하고 미끌미끌하다. 머리가 납작한데 한가운데 골이 깊게 파였다. 바닥에 자갈이나 큰 돌이 깔린 산골짜기나 냇물에 산다. 맑은 물이 흐르는 여울에서 긴 수염과 넓적한 주둥이로 돌을 헤집고 다니면서 먹이를 찾는다. 알을 낳으면 암컷과 수컷이 함께 새끼가 깨어 나올 때까지 알을 지킨다. 남부 지방에 흐르는 금강, 낙동강, 영산강, 섬진강 상류와 중류에 살고 동해로 흐르는 물줄기에도 산다.

돌 밑에 숨어 있는 툰가리

사는 곳 산골짜기, 냇물
먹이 작은 물벌레
알 낳는 때 5~6월
몸길이 10cm
고유종

툰가리 쏠자개^북, 누름바우 *Liobagrus andersoni*

툰가리는 자가사리와 닮아서 돌로 머리를 눌러 놓은 것처럼 아주 납작
하다. 다 커도 어른 손가락만 하다. 가슴지느러미에는 가시가 있어서 찔
리면 아주 쓰리다. 맑은 물이 흐르고 바닥에 돌과 자갈이 깔린 산골짜
기나 냇물 여울에서 산다. 납작한 머리로 돌 틈을 잘 비집고 들어간다.
낮에는 돌 밑에 숨어 있고 밤에 나와서 날도래 애벌레 집을 통째로 입에
넣고 오물거리면서 애벌레를 빼 먹는다. 집은 안 삼키고 도로 뱉어낸다.
우리나라에만 산다.

퉁사리는 바위와 돌이
많이 깔린 여울에서 산다.

사는 곳 산골짜기, 냇물
먹이 작은 물벌레
알 낳는 때 5~7월
몸길이 8~10 cm
고유종 | 보호종

퉁사리 *Liobagrus obesus*

퉁사리는 퉁가리나 자가사리와 헷갈린다. 퉁사리와 퉁가리는 아래턱과
위턱 길이가 거의 같지만, 자가사리는 위턱이 아래턱보다 길다. 또 퉁사
리는 가슴지느러미 가시에 난 톱니가 3~5개인데, 자랄수록 늘어난다.
자가사리는 4~6개이고, 퉁가리는 자라면서 톱니가 줄어들어 1~3개다.
여울과 깊은 소가 잇달아 나타나는 골짜기에서 산다. 잔자갈이 깔린 냇
물 여울에서도 산다. 사는 모습은 퉁가리나 자가사리와 비슷하다.

사는 곳 저수지, 댐
먹이 플랑크톤, 작은 물벌레
알 낳는 때 2~4월
몸길이 10~14㎝

빙어 빙애, 공어, 방아 *Hypomesus nipponensis*

빙어는 '얼음 물고기'라는 뜻이다. 너른 저수지나 댐에서 산다. 한겨울에 볼 수 있다. 찬물을 좋아해서 여름에는 물 깊은 곳에서 지내고 겨울에 물낮으로 올라온다. 얼음장 밑에서 수십 마리가 떼를 지어 이리저리 헤엄쳐 다닌다. 본디 바다와 강을 오가며 사는 물고기인데 사람들이 잡아다가 일부러 커다란 저수지와 댐에 풀어 놓았다. 겨울이 되어 저수지가 두껍게 얼면 사람들은 빙어 낚시를 한다. 날것 그대로 먹거나 튀김이나 조림으로 먹는다.

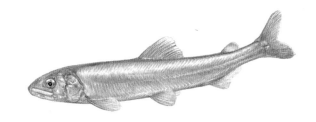

짝짓기 때가 되면 몸빛이 바뀐다.

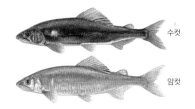

수컷

암컷

사는 곳 강, 냇물
먹이 돌말
알 낳는 때 9〜10월
몸길이 20〜30cm

은어 곤쟁이, 은피리 *Plecoglossus altivelis*

은어는 아주 맑은 물이 흐르고 돌이 깔린 강에서 산다. 온몸에 은빛이
돌아서 '은어'다. 몸이 길쭉하고 입이 아주 크다. 몸을 뉘여 넓적한 입
으로 돌에 낀 돌말을 훑어 먹는다. 가을에 강어귀에서 태어나 바다에서
겨울을 나고, 봄에 강을 거슬러 오른다. 강여울에 다다르면 큼지막한
바윗돌 밑에 먹자리를 잡고 다른 은어가 얼씬도 못하게 쫓아낸다. 가을
에 강어귀로 내려가 알을 낳고 죽는다. 요즘에는 댐이나 보가 물길을 막
고 물이 더러워져서 수가 줄고 있다.

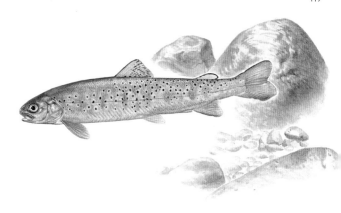

사는 곳 산골짜기
먹이 어린 물고기, 물벌레, 새우
알 낳는 때 4~5월
몸길이 30~70㎝
보호종

열목어 열묵어^북 *Brachymystax lenok tsinlingensis*

열목어는 아주 맑고 차가운 물이 흐르는 깊은 산골짜기에서 산다. 곳곳에 깊은 소가 있고 큰 바위가 많은 곳을 좋아한다. 여러 마리가 떼로 헤엄치다가 놀라면 흩어져 바위 밑으로 숨는다. 돌 틈을 이리저리 헤엄치면서 먹이를 잡아먹는다. 물살이 센 여울도 잘 타고 오른다. 겨울에는 물 깊은 곳 바위 밑으로 들어가서 지낸다. 아주 귀해서 사는 곳을 천연기념물로 정해서 지키고 있다. 강원도 설악산과 충청북도, 경상북도 깊은 산골짜기에 산다.

사는 곳 강, 바다
먹이 어린 물고기, 물벌레, 새우
알 낳는 때 9~11월
몸길이 60~100㎝

연어 *Onchorhynchus keta*

연어는 바다에서 살다가 강으로 올라와 알을 낳는 물고기다. 강에서 태어나 바다로 내려가 3~5년 살다가 가을에 자기가 태어난 강으로 돌아온다. 강으로 올라오면 아무것도 안 먹고 북새통을 이루며 짝짓기를 하고 알을 낳는다. 알을 낳은 암컷은 곧 죽고 수컷은 며칠 안에 죽는다. 두 달쯤 지난 가을과 겨울 사이에 알에서 새끼가 깨어 나온다. 새끼는 봄까지 강에서 살다가 5~7cm쯤 크면 바다로 내려간다. 동해로 흐르는 물줄기에만 산다.

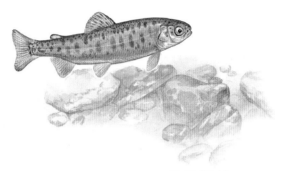

사는 곳 산골짜기
먹이 작은 물고기, 물벌레
알 낳는 때 9~10월
몸길이 20㎝

산천어 조골래, 쪼고리북 *Onchorhynchus masou*

송어가 바다로 안 내려가고 산골짜기에 남아 살면 '산천어'라고 한다. 송어는 산골짜기에서 태어나 강줄기를 타고 바다로 나가서 살다가 알을 낳으러 다시 강을 거슬러 올라온다. 산천어는 산골짜기에 눌러 살아서 송어보다 몸집이 훨씬 작다. 아주 맑고 차가운 물이 콸콸 쏟아지는 폭포 아래 바위틈에 잘 숨는다. 물벌레나 작은 물고기를 잡아먹는다. 경상북도 울진 위쪽에 동해로 흐르는 물줄기 상류에서 산다. 사람들이 송어를 가둬 기르기도 한다.

사는 곳 강어귀, 바다
먹이 플랑크톤, 유기물
알 낳는 때 9~11월
몸길이 60~100㎝

가숭어 참숭어, 눈거무리 *Chelon haematocheilus*

가숭어는 몸집이 아주 크다. 맛이 좋다고 '참숭어'라고 한다. 숭어와 다르게 눈에 노란 테가 있고 꼬리지느러미가 제비 꼬리처럼 안 갈라진다. 바닷가나 강어귀에 사는데 숭어보다 바닷물과 민물이 만나는 강어귀를 더 좋아한다. 펄쩍펄쩍 물 위로 뛰어오르는데, 몇 마리가 떼로 뛰어오르기도 한다. 가을에 강어귀로 많이 몰려오고, 겨울에는 아무 것도 안 먹고 지내다가 봄에 바닷가로 나간다. 사람들이 봄에 그물로 많이 잡는다.

수컷

암컷

송사리는 물낯에서 여러 마리가
모여 헤엄친다.

송사리 암컷이 알을 낳아
배에 매달고 있다.

사는 곳 둠벙, 논도랑, 논, 냇물
먹이 장구벌레, 실지렁이, 물풀
알 낳는 때 5~7월
몸길이 4㎝

송사리 눈쟁이, 눈굼쟁이 *Oryzias latipes*

송사리는 우리나라 민물고기 가운데 가장 작다. 아이 새끼손가락보다
도 작다. 논이나 논도랑, 둠벙 같은 작은 웅덩이, 연못, 저수지, 늪, 냇물
에도 산다. 물살이 느린 곳에서 물풀 곁에 잘 모여든다. 수십 마리가 떼
를 지어 헤엄치다가도 잽싸게 흩어져 숨는다. 큰 비가 오면 물살에 떠밀
려 강어귀까지 가기도 한다. 겨울에는 물속에 가라앉은 가랑잎이나 물
풀 더미 밑에서 겨울을 난다. 송사리가 많으면 장구벌레를 잔뜩 잡아먹
어서 모기가 많이 안 생긴다.

마름 둘레에서 헤엄치는 대륙송사리

사는 곳 둠벙, 논도랑, 늪, 저수지
먹이 장구벌레, 작은 벌레, 씨, 물풀
알 낳는 때 5~7월
몸길이 3~4㎝

대륙송사리 눈발때기, 송아리, 눈깔이 *Oryzias sinensis*

흔히 보는 송사리는 거의 대륙송사리다. 중국 땅에도 살아서 이름을
'대륙송사리'라고 붙였다. 송사리는 남부 지방에만 사는데, 대륙송사
리는 동해로 흐르는 냇물과 강을 빼고 온 나라에 산다. 대륙송사리는
송사리와 거의 똑같이 생겼는데, 송사리보다 몸집이 조금 작고 몸에 검
은 점이 없다. 배지느러미와 뒷지느러미에는 까만 띠가 있다. 송사리는
몸통과 꼬리자루 쪽에 까만 점이 있다. 대륙송사리와 송사리는 사는 모
습이 거의 같다.

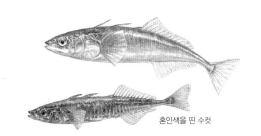

혼인색을 띤 수컷

1. 수컷이 바닥에 둥지를 짓는다.　2. 암컷을 데려온다.　3. 암컷이 알을 낳으면 수컷이 돌본다.

사는 곳 강 중하류, 냇물, 바닷가
먹이 작은 물벌레, 물고기 알, 플랑크톤
알 낳는 때 3~5월
몸길이 13㎝

큰가시고기 참채[북] *Gasterosteus aculeatus*

등에 큰 가시가 있어서 '큰가시고기'다. 뾰족한 가시가 등에 세 개 있다.
3~5월 짝짓기 때가 되면 수컷은 몸빛이 빨개지고, 물 바닥에 물풀을 엮
어 새 둥지처럼 집을 짓는다. 암컷이 와서 집 안에 알을 낳으면 수컷이 남
아 곁을 지키다가 새끼가 깨어 나오면 죽는다. 암컷은 알을 낳고 곧 죽는
다. 새끼는 가까운 바다로 나가서 무리 지어 산다. 한두 해 지나면 강과
냇물을 거슬러 오른다. 동해로 흐르는 강과 가까운 바닷가에서 산다.

물풀 줄기에 둥지를 짓는 수컷

사는 곳 강 상중류, 냇물
먹이 작은 물벌레, 실지렁이, 새우
알 낳는 때 5~6월
몸길이 5㎝
보호종

가시고기 까시고기, 칼치 *Pungitius sinensis*

몸에 가시가 있어서 '가시고기'다. 등에 뾰족한 가시가 8~9개 줄줄이
나 있다. 맑은 물이 흐르고 물풀이 수북이 자란 냇물이나 강에 산다. 가
슴지느러미를 쉼 없이 앞뒤로 휘저으며 제자리에 있다가도 갑자기 빠르
게 앞으로 갔다가 멈춰서고 다시 앞으로 나아가며 헤엄친다. 짝짓기 때
가 되면 수컷 몸빛이 검푸르게 바뀌고, 물풀 줄기에 새 둥지처럼 둥그런
집을 만든다. 암컷이 둥지 안에 알을 낳으면 수컷이 곁에서 지킨다. 동해
로 흐르는 물줄기에 살고, 큰가시고기와 달리 바다로 안 내려간다.

사는 곳 강 상중류, 냇물
먹이 물벼룩, 실지렁이, 깔따구 애벌레
알 낳을 때 5~8월
몸길이 6~7㎝
보호종

잔가시고기 침고기 *Pungitius kaibarae*

잔가시고기는 가시고기와 닮았는데 몸 빛깔이 더 까맣고 짙다. 등에 난 가시도 더 굵고 지느러미는 짙은 검은빛이다. 등에 뾰족한 가시가 8~10 개 있다. 맑은 물이 흐르고 큰 바위와 자갈, 물풀이 우거진 냇물과 강에 서 무리 지어 산다. 짝짓기 때가 되면 수컷 몸이 까맣게 바뀌고, 가시에 있는 막이 검푸르게 바뀐다. 가시고기처럼 수컷이 물풀 줄기에 알 낳을 둥지를 만들고, 새끼가 깨어 나올 때까지 곁에서 지킨다. 동해로 흐르는 물줄기 중류에 산다.

진흙 속에서 나오는 드렁허리

사는 곳 논, 논도랑, 늪, 저수지
먹이 지렁이, 물고기, 물벌레, 개구리
알 낳는 때 6~7월
몸길이 30~60㎝

드렁허리 드렝이, 거시랭이 *Monopterus albus*

논두렁에 구멍을 뚫어 허물어뜨린다고 '드렁허리'다. 사람들이 언뜻 보면 뱀인 줄 알고 깜짝 놀란다. 몸이 뱀처럼 가늘고 길쭉하다. 살갗이 미끌미끌하고 지느러미는 하나도 없다. 논이나 논도랑, 늪이나 저수지, 냇물에 산다. 논바닥에서 진흙을 들쑤셔서 지렁이를 잡아먹는다. 모내기를 할 때 진흙 속으로 숨거나 논두렁을 넘어 옆 논으로 가기도 한다. 물고기지만 물 밖에 나와서 잘 기어 다닌다. 여름에 가물어서 물이 마르면 진흙을 파고 들어가 지낸다.

물속 나무둥치 밑에
숨어 있는 둑중개

사는 곳 산골짜기, 냇물
먹이 물벌레, 작은 물고기
알 낳는 때 3~4월
몸길이 10~15㎝
고유종

둑중개 뚝중개^북, 뚝거리 *Cottus koreanus*

둑중개는 아주 맑고 차가운 물이 흐르는 산골짜기나 냇물에 산다. 물이
콸콸 흐르고 모래와 자갈이 깔린 여울을 좋아한다. 무리를 안 짓고 혼
자서 돌 밑에 숨어 산다. 짝짓기 철에 암컷과 수컷은 돌 밑에 거꾸로 매
달려 알을 낳아 두툼하게 붙인다. 암컷은 떠나고 수컷 혼자 남아서 새끼
가 깨어 나올 때까지 알을 돌본다. 늦가을이 되면 깊은 곳으로 가서 큰
바위 밑에서 꼼짝 않고 겨울을 난다. 경기도와 강원도 산골짜기에 아주
드물게 산다.

한둑중개가 돌에 몸을 붙이고
가만히 쉬고 있다.

사는 곳 냇물, 강 중하류
먹이 물벌레, 작은 물고기
알 낳는 때 3~6월
몸길이 10~15㎝
보호종

한둑중개 함경뚝중개[북] *Cottus hangiongensis*

한둑중개는 둑중개와 아주 많이 닮았는데 몸빛이 더 진하다. 한둑중개
는 강 중류와 하류에 사는데, 둑중개는 산골짜기에 산다. 한둑중개는
두만강에서 처음 찾았다. 남쪽에서는 동해로 흐르는 강원도 몇몇 물줄
기에서 산다. 물이 아주 맑고 바닥에 돌이 많이 깔린 곳에 산다. 물풀이
수북이 자라고 물살이 빠른 여울을 좋아한다. 돌 밑에 잘 숨고, 둑중개
처럼 큰 돌 밑에 알을 붙여 낳는다. 그러면 수컷이 남아 새끼가 깨어 나
올 때까지 곁에서 보살핀다.

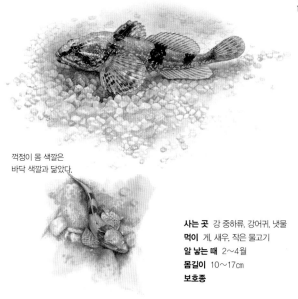

꺽정이 몸 색깔은
바닥 색깔과 닮았다.

사는 곳 강 중하류, 강어귀, 냇물
먹이 게, 새우, 작은 물고기
알 낳는 때 2~4월
몸길이 10~17㎝
보호종

꺽정이 거슬횟대어^북, 쐐기 *Trachidermus fasciatus*

꺽정이는 강이나 강어귀에 살면서 바다와 강을 오르내린다. 모래와 돌
이 깔린 곳에서 혼자 지낸다. 낮에는 돌 밑에 숨어 있다가 밤에 나온다.
바닥에 납작 엎드렸다가 먹잇감이 지나가면 날쌔게 덮쳐서 잡아먹는다.
겨울이면 강어귀 깊은 곳으로 내려간다. 봄이 오면 갯벌에 있는 조개껍
데기나 굴 껍데기 안에 알을 낳아 붙인다. 알을 낳은 암컷은 죽고 수컷
이 알을 지킨다. 수컷은 새끼가 조금 자랄 때까지 알자리를 안 떠나고
새끼를 돌보다가 천천히 죽는다.

황쏘가리
몸빛이 노랗게 바뀐 황쏘가리는
한강에 사는 천연기념물이다.

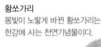

사는 곳 강 중하류, 냇물, 댐
먹이 작은 물고기, 새우
알 낳는 때 5~7월
몸길이 20~60㎝

쏘가리 참쏘가리, 강쏘가리 *Siniperca scherzeri*

쏘가리는 등지느러미와 아가미뚜껑에 뾰족한 가시가 있다. 가시로 쏜다
고 '쏘가리'다. 몸집이 크고 표범처럼 온몸에 까만 무늬가 얼룩덜룩 나
있다. 물이 맑고 물살이 빠르고 바위가 많은 큰 강이나 냇물에서 산다.
커다란 댐에도 사는데 물이 더러워지면 못 산다. 혼자 살고 다른 쏘가
리가 가까이 오면 달려들어서 쫓아낸다. 깜깜한 밤에 바위 밑이나 큰 돌
틈에 숨어 있다가 물고기가 지나가면 쏜살같이 뛰쳐나와서 잡아먹는
다. 사람들이 그물이나 낚시로 잡아서 매운탕을 끓여 먹는다.

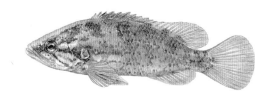

꺽저기를 앞에서 보면
굵은 노란 줄을 볼 수 있다.

사는 곳 냇물, 강 중류
먹이 작은 물고기, 물벌레, 새우
알 낳는 때 5~6월
몸길이 12~15㎝
보호종

꺽저기 남꺽지^북, 꺽쇠 *Coreoperca kawamebari*

꺽저기는 꺽지와 많이 닮았는데 몸집이 훨씬 작다. 꺽지처럼 아가미에 손톱만 한 파란 점이 있다. 하지만 꺽지와 달리 주둥이에서 등지느러미까지 등을 타고 굵고 노란 줄이 쭉 나 있다. 바닥에 모래가 깔리고 물풀이 우거진 냇물이나 강에서 산다. 물풀 속에 숨어 있다가 잽싸게 나와서 물고기나 새우 따위를 잡아먹는다. 오뉴월에 물풀 줄기에 알을 낳아 붙인다. 수컷은 새끼가 깨어 나올 때까지 알을 돌본다. 전라남도 탐진강과 낙동강에 드물게 산다.

사는 곳 산골짜기, 냇물, 강 중류
먹이 작은 물고기, 물벌레, 새우
알 낳는 때 4~7월
몸길이 15~30㎝
고유종

껑지 돌쏘가리, 껑저구 *Coreoperca herzi*

껑지는 아가미뚜껑에 파란 점이 있다. 맑은 물이 흐르는 산골짜기와 냇물에서 산다. 바위 밑이나 돌 틈에 숨어 있다가 물고기가 지나가면 쏜살같이 낚아챈다. 오뉴월에 암컷이 돌 밑에 알을 잔뜩 낳아 붙인다. 그러면 수컷이 혼자 남아서 알을 돌본다. 새끼가 어느 정도 자랄 때까지 곁에서 돌본다. 다른 물고기가 가까이 오면 사납게 쫓아낸다. 하지만 껑지 알자리에 감돌고기가 알을 낳고 도망가기도 한다. 손으로 잡으면 '꾸룩 깨락' 소리를 낸다.

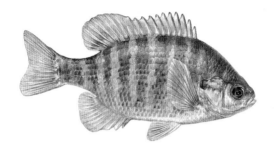

사는 곳 댐, 저수지, 강 중하류
먹이 어린 물고기, 물벌레, 새우, 물풀
알 낳는 때 4～6월
몸길이 15～25㎝
외래종

블루길 파랑볼우럭, 월남붕어 *Lepomis macrochirus*

블루길은 '파란 아가미'라는 뜻인 영어 이름이다. 아가미뚜껑 끝에 파란 점이 하나 있어서 이런 이름이 붙었다. 사람이 기르려고 들여왔다가 온 나라에 퍼졌다. 댐이나 커다란 저수지에 많이 산다. 봄에 수컷이 자갈이나 모래가 깔린 바닥에 둥지를 만들고 암컷을 데려와서 알을 낳는다. 수컷은 둥지 둘레를 헤엄쳐 다니면서 알을 지킨다. 새끼가 깨어 나와 조금 자랄 때까지 안 떠나고 돌본다. 겨울에는 물풀 더미 틈새에서 수십 마리가 함께 숨어 지낸다.

사는 곳 댐, 저수지, 강 중하류
먹이 물고기, 물벌레, 새우, 개구리, 들쥐
알 낳는 때 5~6월
몸길이 25~60㎝
외래종

배스 큰입배스, 큰입우럭 *Micropterus salmoides*

배스는 멕시코와 미국에서 살던 물고기다. 사람들이 기르려고 들여왔
다가 온 나라에 퍼졌다. 물이 고여 있는 저수지나 댐에서 산다. 물이 깊
고 천천히 흐르는 큰 강에도 산다. 큰 돌이나 가라앉은 나무, 물풀이 수
북이 자란 곳에 숨어 있다가 먹이를 보면 튀어나와 잡아먹는다. 먹성이
게걸스러워서 작은 것이든 큰 것이든 닥치는 대로 잡아먹는다. 심지어
물가로 나온 들쥐와 새를 잡아먹기도 한다. 토박이 물고기와 민물새우
를 하도 잡아먹어서 골칫거리다.

강주걱양태는 눈만 내놓고
모래 속으로 잘 숨는다.

사는 곳 강어귀
먹이 갯지렁이, 작은 새우
알 낳는 때 모름
몸길이 7㎝
보호종

강주걱양태 *Repomucenus olidus*

강에 살고 주걱처럼 납작하다고 '강주걱양태'다. 강어귀에서 강과 바다
를 오가며 산다. 소금기가 없는 강 중류까지 올라오기도 한다. 몸이 위
아래로 아주 납작하고 꼬리 쪽은 가늘고 길다. 눈이 머리 위쪽으로 툭
불거졌다. 등에 점이 많고 색깔이 얼룩덜룩해서 모랫바닥에 가만히 있
으면 감쪽같다. 쉴 때나 위험을 느끼면 모래 속으로 쏙 들어가 눈만 내
놓고 밖을 살핀다. 아가미뚜껑이 등 쪽에 나 있어서 숨을 쉬려고 입으로
마신 물이 등으로 뿜어 나온다.

사는 곳 산골짜기, 냇물, 저수지
먹이 작은 물고기, 물벌레, 새우
알 낳는 때 4~7월
몸길이 10~13㎝
고유종

동사리 뚝지^북, 구구리 *Odontobutis platycephala*

동사리는 큰 바위와 돌이 깔린 곳이나 물풀이 수북이 자란 냇물, 강, 저
수지에 흔하다. 혼자 살면서 다른 동사리가 가까이 오면 사납게 쫓아낸
다. 밤에 돌아다니면서 먹이를 잡아먹는다. 가만히 숨어 있다가 물고기
가 지나가면 재빨리 덥석 삼키거나, 먹잇감에게 살살 다가가 확 삼키기
도 한다. 봄여름 사이에 암컷이 돌 밑에 알을 붙여 낳으면 수컷이 남아
알을 지킨다. 알을 지킬 때 '구구 구구'하는 소리를 낸다. 겨울에는 큰
돌 밑으로 들어가 지낸다.

얼록동사리는 머리가 크고
꼬리로 갈수록 갸름하다.

사는 곳 늪, 저수지, 냇물, 강 중하류
먹이 작은 물고기, 물벌레, 새우
알 낳는 때 5~7월
몸길이 15~20㎝
고유종

얼록동사리 곰보, 멍텅구리 *Odontobutis interrupta*

얼록동사리는 동사리와 똑 닮았다. 몸통에 난 검은 띠가 끊겨 있고, 배
에도 까만 무늬가 많아서 동사리보다 더 얼룩덜룩하다. 얼록동사리는
물이 조금 더러워도 잘 살지만 동사리는 맑은 물에서만 산다. 낮에는 돌
밑이나 물풀에 숨어 있다가 밤에 나와서 돌아다니며 먹이를 잡아먹는
다. 먹이를 먹으면 목이나 배가 까매진다. 동사리처럼 수컷이 알에서 새
끼가 깨어 나올 때까지 곁을 지킨다. 전라남도 영산강보다 북쪽에 있는
서해로 흐르는 물줄기에 산다.

물풀 줄기에 앉아 쉬는 좀구굴치

사는 곳 늪, 저수지, 냇물
먹이 물벌레, 물벼룩, 실지렁이
알 낳는 때 4~5월
몸길이 4~5㎝

좀구굴치 기름치 *Micropercops swinhonis*

좀구굴치는 다 커도 손가락만 하다. 동사리 무리 가운데 가장 작고 생김새도 많이 다르다. 몸통에 굵고 진한 밤색 줄이 세로로 나란히 나 있다. 아가미뚜껑에도 비늘이 있다. 저수지에 많이 살고 논도랑이나 냇물에도 산다. 물이 느리게 흐르고 물풀이 우거진 곳을 좋아한다. 떼 지어 헤엄쳐 다니는데, 바닥에 가만히 있거나 물풀에 곧잘 올라앉는다. 사오월에 암컷과 수컷이 돌 밑에 거꾸로 매달려 알을 하나하나 붙이며 낳는다. 수컷이 알을 지킨다.

사는 곳 강어귀
먹이 플랑크톤, 작은 동물
알 낳는 때 1~4월
몸길이 8~9㎝

날망둑 날살망둑어^북, 덤범치 *Chaenogobius castaneus*

날망둑은 너른 강과 강어귀에서 산다. 동해와 남해로 흐르는 물줄기와 전라도에서 서해로 흐르는 물줄기에도 산다. 모랫바닥에서 동물성 플랑크톤과 작은 동물을 잡아먹는다. 다른 망둑어 무리와 달리 배에 빨판이 없고 잘 헤엄쳐 돌아다닌다. 암컷이 알을 낳으면 수컷이 곁에 남아 알과 알에서 깨어 나온 새끼를 지킨다. 꾹저구와 많이 닮았는데 머리가 덜 납작하고 두 눈 사이도 더 가깝다. 또 꼬리자루와 첫 번째 등지느러미 끝에 까만 점이 있다.

꾹저구 머리는 납작하고 두 눈 사이가 넓다.

사는 곳 강어귀, 강 중류, 냇물, 저수지
먹이 물벌레, 실지렁이, 작은 물고기
알 낳는 때 5~7월
몸길이 10㎝

꾹저구 대머리매지^북 *Chaenogobius urotaenia*

꾹저구는 강어귀에 많다. 냇물이나 강, 댐에도 산다. 우리나라 망둑어
무리 가운데 가장 흔하다. 자갈이 깔리고 물살이 센 곳을 좋아한다. 배
에 빨판이 있어서 돌 위에 곧잘 올라앉아 가만히 있다가 이 돌 저 돌로
옮겨 다닌다. 짝짓기 철에는 수컷 몸과 지느러미에 까만 점이 생긴다. 빨
판과 뒷지느러미는 새까매지고, 첫 번째 등지느러미 끄트머리는 샛노래
진다. 알을 낳으면 수컷이 지킨다. 새끼는 바다로 내려갔다가 두세 달쯤
지나면 민물로 올라온다.

사는 곳 강어귀, 논도랑, 저수지
먹이 돌말, 작은 물벌레
알 낳는 때 7~10월
몸길이 7~9㎝

갈문망둑 경기매지^북, 까불이 *Rhinogobius giurinus*

갈문망둑은 밀어와 닮았는데 몸이 더 통통하다. 콧잔등에 'ㅅ'자 꼴로 생긴 빨간 줄무늬가 없고 찌글찌글한 무늬가 있다. 눈 바로 밑과 뺨에는 짙은 밤색 줄이 비스듬하게 여러 줄 있다. 강과 강어귀, 바다와 가까운 냇물이나 저수지에도 산다. 빨판 힘이 약해서 물살이 거의 없는 곳에 많다. 짝짓기 철에는 수컷 몸빛이 아롱다롱해 지고 등, 꼬리지느러미 위쪽 끄트머리가 노랗게 바뀐다. 수컷이 알을 보살피고, 새끼는 바다로 내려 가 살다가 강으로 올라온다.

밀어 배에는 빨판이 있다.

사는 곳 냇물, 강어귀, 논도랑, 저수지
먹이 돌말, 작은 물벌레
알 낳는 때 5~7월
몸길이 6~8㎝

밀어 퉁거니^북, 돌날나리 *Rhinogobius brunneus*

밀어는 물길 어디에나 아주 흔하다. 냇물이나 논도랑, 강, 바다와 만나는 강어귀에도 산다. 조그만 밀어가 떼 지어 헤엄치면 꼭 밀 이삭에 붙은 낟알처럼 보인다고 '밀어'라는 이름이 붙었다. 콧잔등에 'ㅅ'자 꼴 빨간 줄무늬가 또렷하다. 어디에나 찰싹 잘 달라붙어 가만히 있다가 재빨리 다른 돌로 옮겨 간다. 암컷은 알을 낳은 뒤에 떠나고 수컷이 남아서 알을 돌본다. 새끼는 강어귀로 내려가서 겨울을 나고 이듬해 봄에 떼 지어 냇물까지 올라온다.

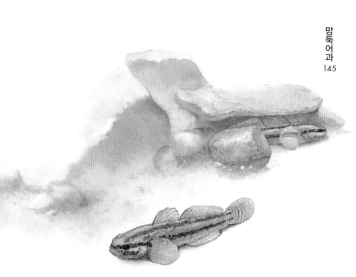

사는 곳 강어귀, 냇물, 저수지
먹이 새우, 작은 게, 갯지렁이, 물벌레
알 낳는 때 4~8월
몸길이 10㎝

민물두줄망둑 줄무늬매지^북 *Tridentiger bifasciatus*

민물에 살고 몸에 굵은 줄이 두 개 있다고 '민물두줄망둑'이다. 줄은 짙
어지거나 흐려지기도 하고 사라지기도 한다. 바다와 잇닿은 강어귀에서
산다. 강이나 냇물에도 살고 갯벌에도 흔하다. 바닥에 진흙과 돌이 깔
린 곳을 좋아한다. 썰물 때 바닷물이 빠지며 생긴 작은 웅덩이에서도 볼
수 있다. 주로 돌 밑에 숨어 지낸다. 암컷이 돌 밑에 알을 낳으면 수컷이
지킨다. 지느러미를 흔들어서 알이 잘 깨어나게 돕는다.

사는 곳 강 중하류, 강어귀, 냇물
먹이 새우, 작은 물고기, 물벌레, 돌말
알 낳는 때 5~7월
몸길이 10㎝

민물검정망둑 매지^북 *Tridentiger brevispinis*

민물에 살고 몸이 검다고 '민물검정망둑'이다. 돌이 많이 깔린 곳에서
살면 자줏빛이 훨씬 진하고 진흙이 많은 곳에 살면 흐리다. 또 기분 따
라 색깔이 진했다가 연했다가 한다. 강, 냇물, 저수지, 댐에서 산다. 빨판
으로 돌에 몸을 붙이고 올라앉아 있다가 다른 돌 위로 느릿느릿 헤엄쳐
간다. 작은 물고기나 물벌레, 게, 새우를 잡아먹는다. 돌에 붙어사는 돌
말을 갉아 먹기도 한다. 다른 망둑어처럼 수컷이 알을 돌본다. 온 나라
어디에나 살고 북녘에도 산다.

모치망둑은 배지느러미가 붙어서
빨판으로 바뀌었다.

사는 곳 강어귀, 바닷가
먹이 플랑크톤, 작은 새우와 게, 유기물
알 낳는 때 6~8월
몸길이 4~6㎝

모치망둑 *Mugilogobius abei*

생김새가 새끼 숭어를 닮았다고 '모치망둑'이다. 바다와 잇닿은 강어귀
에 산다. 강과 냇물 하류까지 올라오기도 한다. 모래와 진흙이 깔린 바
닥을 좋아한다. 갯벌에서는 썰물 때 물이 빠지면 게 구멍에 들어가 숨기
도 한다. 짝짓기 때가 되면 수컷 몸이 까매지고, 등, 뒷지느러미 테두리가
샛노랗게 바뀐다. 암컷은 색이 옅어져서 수컷과 뚜렷하게 다르다. 알을
낳으면 수컷이 곁을 지킨다. 물이 조금 더러워도 잘 산다. 서해와 남해로
흐르는 물줄기에 산다.

미끈망둑은 주로 바닥에서
살지만 헤엄도 잘 친다.

사는 곳 강어귀, 바닷가
먹이 작은 새우와 게, 갯지렁이
알 낳는 때 2~5월
몸길이 6~8cm

미끈망둑 미끈망둥어[북] *Luciogobius guttatus*

몸이 미끈하다고 '미끈망둑'이다. 몸에 비늘이 없고 머리를 비롯한 몸
통과 지느러미에 반점이 빽빽하게 흩어져 있다. 다른 망둑어 무리처럼
배에 빨판이 있다. 바닷물과 민물이 만나는 강어귀에 산다. 밀물 때 바
닷물에 잠기고 썰물 때 바닥이 드러나는 곳에서 지낸다. 돌이나 자갈이
깔린 웅덩이에 머무는데, 썰물 때면 돌 틈이나 돌 밑에 숨어 있다가 밤
에 나와서 돌아다닌다. 온 나라 바닷가와 강어귀에 살고 제주도와 크고
작은 섬에도 산다.

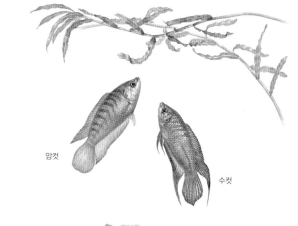

암컷

수컷

1. 거품집 만들기

2. 알 낳기

사는 곳 논도랑, 늪, 연못, 저수지, 냇물
먹이 물벼룩, 실지렁이, 물벌레
알 낳는 때 6~7월
몸길이 7㎝

버들붕어 꽃붕어^북, 비단붕어 *Macropodus ocellatus*

버들잎처럼 납작하다고 '버들붕어'다. 아가미덮개에 작고 파란 점이 한 개 있다. 논 가장자리에 있는 도랑에 산다. 물이 고여 있고 물풀이 수북 이 자란 연못이나 저수지에서도 산다. 여러 마리가 떼를 지어 헤엄쳐 다 닌다. 가끔 주둥이를 물 밖으로 내놓고 숨을 쉬기도 한다. 수컷은 성질 이 사나워서 짝짓기 때면 암컷을 차지하려고 서로 싸운다. 수컷이 입으 로 거품을 뿜어 집을 만들면 암컷이 그 속에 알을 낳는다. 수컷은 거품 집 둘레에서 알을 돌본다.

부레옥잠 아래에 숨어
가만히 쉬는 가물치

사는 곳 늪, 저수지, 연못, 강 중하류
먹이 물벌레, 물고기, 개구리
알 낳는 때 5~8월
몸길이 30~80㎝

가물치 까마치, 가무치 *Channa argus*

가물치는 몸집이 아주 크다. 큰놈은 어른 팔뚝만 하다. 늪과 저수지에 흔하다. 물풀이 우거지고 바닥에 진흙이 깔린 고인 물에서 잘 산다. 먹성이 좋아서 이것저것 안 가리고 잘 먹는다. 먹을거리가 없으면 큰 가물치가 작은 가물치를 잡아먹기도 한다. 아가미로 숨을 쉬지만 살갗으로도 숨을 쉰다. 그래서 비가 오면 물 밖에 나와 기어 다니기도 한다. 여름에 가물면 진흙 속에 들어가고, 겨울에는 진흙 속에서 아무것도 안 먹고 꼼짝 않는다.

사는 곳 강, 바다
먹이 작은 물고기, 새우, 참게
알 낳는 때 4~5월
몸길이 45cm 안팎
보호종

황복 황복아지^북, 하돈 *Takifugu obscurus*

몸이 노랗다고 '황복'이다. 배 옆에 누런 줄이 있다. 바다와 강을 오가며 산다. 진달래꽃이 필 때쯤 강 위쪽까지 올라와 알을 낳는다. 알에서 깨어 나온 새끼는 두 달쯤 강에서 살다가 바다로 내려간다. 삼 년쯤 바다에서 살다가 알을 낳으러 다시 강으로 올라온다. 느릿느릿 헤엄치며 게, 새우, 어린 물고기 따위를 잡아먹는다. 이빨이 튼튼해서 참게도 썩둑썩둑 잘라 먹는다. 위험을 느끼면 배를 풍선처럼 뽈록하게 부풀린다. 임진강, 한강처럼 서해로 흐르는 강에서만 볼 수 있다. 몸에 독이 있다.

민물고기 더 알아보기

한반도 산줄기와 강

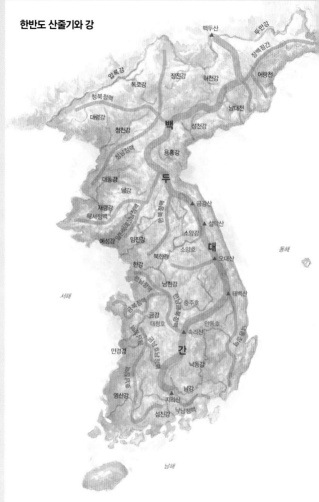

백두산

두만강

정백정간

임록강

독로강

장진강

허천강

어랑천

청북정맥

대령강

청천강

남대천

백

청남정맥

성천강

용흥강

두

대동강

남강

재령강

금
강
산
맥

금강산

해서정맥

설악산

예성강

임진강

소양강

대

동해

북한강

소양호

한강

오대산

남한강

한남정맥

한남금북정맥

충주호

태백산

서해

금북정맥

금강

대청호

안동호

속리산

간

만경경

낙남정맥

낙동정맥

낙동강

영산강

남강

지리산

섬진강

낙남정맥

서해

남해

우리 겨레와 강

우리나라 산줄기와 강

물은 높은 곳에서 낮은 곳으로 흐른다. 그래서 우리나라 물줄기는 산줄기를 따라 흘러내린다. 우리나라는 북쪽을 빼면 동, 서, 남쪽이 바다로 둘러싸여 있다. 산골짜기를 따라 흘러내린 물은 냇물을 이루고, 실핏줄 같은 냇물이 모여 강을 이루고 바다로 흘러 들어간다.

우리나라 산줄기는 북쪽에서 남쪽으로 뻗어 내려오는데 동쪽으로 치우쳐 있다. 또 북쪽이 높고 남쪽이 낮다. 그래서 물줄기는 동쪽에서 서쪽과 남쪽으로 길게 흘러내린다. 큰 강은 두만강을 빼면 모두 서쪽과 남쪽으로 흐른다. 동쪽으로 흐르는 물줄기는 짧아서 큰 강은 없고 내나 천으로 흐른다.

우리나라 산줄기 가운데 등뼈를 이루는 산줄기는 백두대간이다. 백두대간에서 서쪽과 남쪽으로 작은 정맥들이 나누어진다. 백두대간과 정맥을 따라 물이 흘러내린다. 북녘에 있는 커다란 강은 두만강, 압록강, 청천강, 대동강, 예성강이 있다. 북한강과 임진강은 북녘에서 시작해 휴전선을 넘어 남녘으로 흐른다. 남녘에는 한강, 금강, 만경강, 동진강, 영산강, 섬진강, 낙동강이 있다. 산골짜기, 냇물, 강마다 사는 물고기가 저마다 다르다.

한강

한강납줄개

배가사리

연준모치

금강·만경강

감돌고기

어름치

미호종개

영산강

백조어

남방종개

퉁사리

섬진강

큰줄납자루

모래주사

왕종개

낙동강

흰수마자

여울마자

꼬치동자개

동해안

가시고기

북방종개

한둑중개

우리나라 강줄기에 사는 민물고기

물줄기와 민물고기

우리나라는 큰 강과 그 물줄기마다 사는 물고기가 다르다. 또 점몰개나 임실납자루, 부안종개처럼 아주 좁은 지역에서만 사는 물고기도 있다.

한강, 금강, 만경강, 영산강은 동쪽에서 서해로 흐른다. 한강 물줄기에는 한강납줄개, 배가사리, 연준모치, 열목어, 황어 따위가 산다. 금강, 만경강 물줄기에는 감돌고기, 미호종개, 꾸구리 같은 물고기가 산다. 영산강 물줄기에는 백조어, 남방종개, 밀자개, 퉁사리 같은 물고기가 산다.

섬진강과 낙동강은 북쪽에서 남쪽으로 흘러 남해로 들어간다. 섬진강 물줄기에는 칼납자루, 임실납자루, 모래주사, 은어 같은 물고기가 산다. 낙동강에는 칠성장어, 얼룩새코미꾸리, 흰수마자, 꼬치동자개 같은 물고기가 산다.

동쪽으로 흐르는 강은 북녘에 있는 두만강을 빼고는 큰 강이 없다. 동해로 흐르는 물줄기는 높은 산골짜기에서 물이 급하게 흘러내린다. 폭이 좁고 길이가 짧아서 서해와 남해로 흐르는 강에 사는 물고기보다 종 수가 적다. 동해안 물줄기에는 새미, 버들개, 황어, 연어, 가시고기, 한둑중개 같은 물고기가 산다.

송사리나 붕어, 가물치, 피라미 같은 물고기는 어느 물줄기에서나 잘 산다. 요즘은 블루길이나 배스처럼 다른 나라에서 들어온 물고기도 우리나라 물줄기에 퍼져 살고 있다.

민물고기가 사는 곳

민물고기는 차고 맑은 물을 좋아하는 물고기와 제법 더러워도 잘 사는 물고기가 있다. 또 물이 세차게 흐르는 여울을 좋아하는 물고기도 있고, 느릿느릿 흐르는 물살을 좋아하는 물고기도 있다. 모랫바닥을 좋아하는 물고기, 돌바닥을 좋아하는 물고기, 진흙 바닥을 좋아하는 물고기, 물풀이 우거진 곳을 좋아하는 물고기처럼 저마다 사는 곳이 다르다.

흔히 민물고기가 사는 곳을 강 흐름에 따라서 상류, 중류, 하류로 나눈다. 상류는 깊은 산골짜기부터 산기슭까지 흐르는 물이다. 소, 개울, 개천, 시내 같은 물줄기가 있다. 물이 차고 맑고 물살이 빠르다. 바닥에 큰 돌이나 자갈이 많이 깔려 있다.

중류는 산에서 내려온 물줄기가 모여 폭이 넓어지고 물이 많아

서 깊다. 잔돌이나 모래, 진흙이 깔려 있다. 강은 하류로 내려갈
수록 폭이 넓어지고 물도 깊어진다. 물이 느릿느릿 흐르고 탁하고
바닥에 진흙이 많이 깔려 있다. 강어귀에는 바닷물도 넘나든다.
강물과는 조금 떨어져 있지만 호수와 저수지, 늪, 논도랑도 강 흐
름과 이어진다. 이런 곳은 물이 고여 있는 것처럼 보이지만 아주
천천히 흐른다.

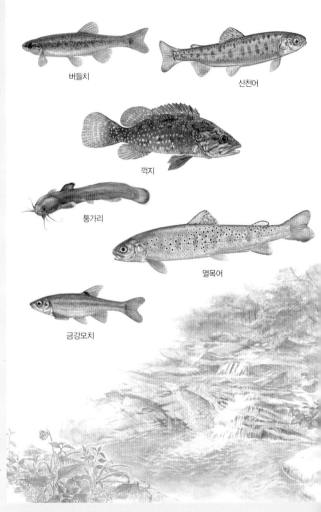

버들치

산천어

꺽지

퉁가리

열목어

금강모치

상류 / 산골짜기

산골짜기는 숲이 우거지고 큰 바위가 많다. 또 물살이 아주 빠르고 꼬불꼬불 흐른다. 물줄기는 여울이 되어 바위 사이를 세차게 흐르고 갑자기 폭포로 떨어지기도 한다. 폭포나 여울 아래는 깊은 웅덩이가 있다. 골짜기 바닥에는 바위와 큰 돌이 깔려 있다. 물은 아주 맑고 차가워서 한여름에도 발을 담그면 얼얼하고, 속이 훤히 들여다 보인다.

산골짜기에는 버들치가 가장 흔하다. 쉬리, 꺽지, 퉁가리, 미유기, 갈겨니도 산다. 동해로 흐르는 골짜기에는 버들개와 산천어가 살고, 한강 맨 윗물인 강원도 산골짜기에는 열목어, 둑중개, 금강모치가 산다. 금강모치는 금강 맨 윗물인 전라북도 무주 구천동 골짜기에도 산다.

골짜기는 물이 차갑고 아주 빨리 흘러서 먹잇감이 많지 않아 물고기가 그다지 없다. 버들치, 쉬리, 금강모치는 나뭇잎을 들추거나 돌 틈을 헤집고 다니며 먹이를 잡아먹는다. 나뭇잎 밑에는 옆새우나 반딧불이 애벌레 같은 물벌레가 많다. 퉁가리는 날도래 애벌레와 강도래 애벌레를 좋아한다. 꺽지와 미유기는 물속 벌레나 작은 물고기를 잡아먹는다.

겨울이 되면 산골짜기는 꽁꽁 얼어붙는다. 물고기들은 돌 틈이나 바닥에 깔린 가랑잎 밑에 숨어 들어가 겨울을 난다. 날이 풀리고 얼음이 녹아 물이 흐르기 시작하면 다시 나와 헤엄쳐 다닌다.

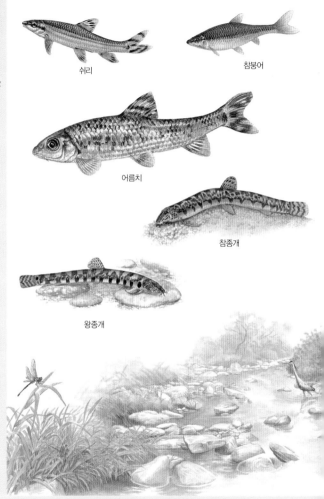

쉬리

참붕어

어름치

참종개

왕종개

상류와 중류 여울

물줄기가 산골짜기를 빠져 나오면 여러 곳에서 흘러온 개울과 도랑물이 모여 냇물을 이룬다. 냇물은 산자락과 들판을 끼고 굽이굽이 흐른다. 비탈진 곳에는 물살이 센 여울이 생기고 바닥에는 자갈이 깔린다.

여울은 물이 깨끗하고 물속에 산소가 많다. 물속 돌에는 누르스름하고 미끌미끌한 돌말이 많이 붙어서 민물고기와 물속 벌레, 다슬기 같은 동물들이 먹고 산다. 수달과 너구리가 물가로 다니고, 참개구리와 옴개구리는 물에서 헤엄친다. 왜가리, 해오라기, 백로 같은 새가 날아와 물을 들여다보면서 물고기를 잡아먹는다. 물가에는 여뀌나 고마리 같은 풀이 자라고 버드나무처럼 물가를 좋아하는 나무도 자란다.

여울에는 우리나라에서만 사는 토박이 물고기가 많다. 여울에 사는 물고기는 재빨리 움직이고 돌 틈에 잘 숨는다. 쉬리, 어름치, 배가사리, 새코미꾸리, 참종개, 왕종개 따위가 있다. 여울 아래쪽 물이 천천히 흐르는 곳에는 참붕어, 갈겨니, 돌고기나 몰개나 납자루 무리가 산다.

이곳에서 사는 물고기들은 물속 자갈 바닥이나 모랫바닥에 알을 낳고, 물살이 느린 곳에서는 수북하게 난 검정말이나 물수세미 덤불에 알을 붙인다. 연어는 여름에 바다에서 냇물로 올라와 알을 낳는다.

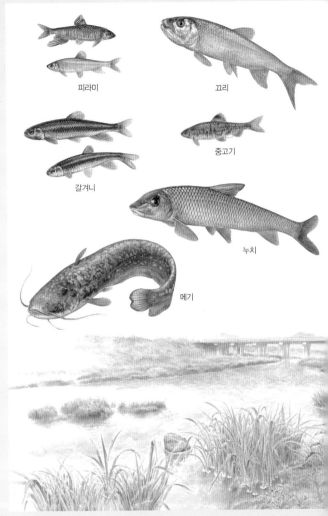

피라미

꼬리

갈겨니

중고기

누치

메기

중류 / 천천히 흐르는 냇물과 강

냇물은 들판을 흐르면서 폭이 넓어지고 물도 깊어진다. 이런 곳은 냇물과 강 중류다. 강 중류는 물줄기가 길기 때문에 많은 물고기가 산다. 물살이 센 여울은 드물고, 천천히 흐르는 곳이 많다.

너른 냇물과 강 둘레에는 검정말, 나사말, 물수세미, 마름, 개구리밥 같은 물풀이 있어서 민물고기와 물속 벌레가 살기 좋다. 물풀이 우거진 곳은 물고기가 숨기에도 좋고 먹잇감도 많다. 물낯에는 식물성 플랑크톤이 떠다니면서 햇빛을 받아 광합성을 한다. 식물성 플랑크톤을 먹고 사는 물벼룩 같은 동물성 플랑크톤도 많아서 민물고기 먹이가 된다. 바닥에는 말조개, 대칭이, 재첩, 콩조개, 우렁이, 물달팽이, 다슬기 같은 조개나 고둥도 산다.

물살이 빠른 곳은 바닥에 자갈이 많이 깔려 있고, 물살이 느린 곳에는 모래와 진흙이 쌓인다. 자갈과 모래, 진흙은 상류부터 흘러내려 와 물살이 느린 중류부터 쌓이기 시작한다. 강여울에서는 갈겨니와 피라미, 끄리가 떼 지어 빠르게 헤엄친다. 끄리는 피라미와 갈겨니를 잡아먹는다. 자갈 바닥에는 돌고기, 돌마자, 돌상어, 종개 무리가 산다. 모랫바닥에는 모래무지, 참마자, 참종개가 산다. 물살이 느린 곳에는 납자루와 중고기 무리가 헤엄치고 바닥에 동자개, 붕어, 뱀장어, 메기가 산다. 깊은 곳에는 누치, 잉어, 가물치 같은 덩치가 큰 물고기가 산다.

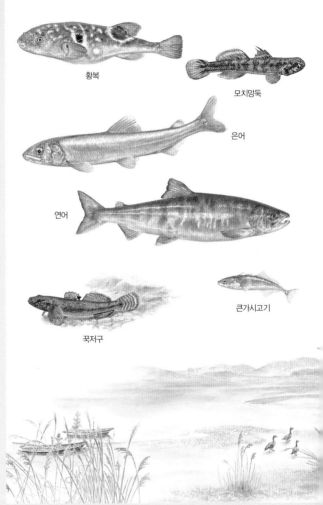

황복

모치망둑

은어

연어

꾹저구

큰가시고기

하류

강 하류는 아주 넓고 천천히 흐르며 물이 깊다. 바닥에는 모래와 진흙이 깔려 있다. 바다에 가까워질수록 민물이 바닷물과 섞이면서 점점 짠물이 된다. 강 하류 둘레에는 너른 평야가 펼쳐지고, 바다와 가까운 곳에는 강을 따라 떠내려 온 모래와 진흙, 온갖 유기물이 쌓인다.

강 하류에 사는 민물고기는 중류에서 떠내려 온 유기물이나 강바닥에 사는 갯지렁이, 물벌레, 게, 새우 따위를 먹는다. 민물고기 가운데 바닷물이 조금 섞여도 잘 견디는 잉어, 붕어, 가물치 따위가 산다. 또 바다에서 알을 낳고 민물에 올라와서 사는 숭어, 농어, 황복, 문절망둑도 있다.

강과 바다를 오가며 사는 물고기도 있다. 알을 낳으러 바다에서 강으로 올라오거나 강에서 바다로 알을 낳으러 내려가는 물고기들이다. 이렇게 강과 바다를 오가는 물고기는 몸속 소금기가 늘 한결같아야 하기 때문에, 민물과 바닷물이 뒤섞이는 강어귀에서 오랫동안 지낸다.

뱀장어와 무태장어는 강에서 살다가 깊은 바다로 내려가서 알을 낳는다. 새끼는 바다에서 강으로 거슬러 올라와 산다. 큰가시고기, 연어, 송어 같은 물고기는 바다에서 강으로 올라와 알을 낳는다. 은어, 한둑중개, 모치망둑, 꾹저구 같은 물고기는 강어귀에서 알을 낳고 자란다.

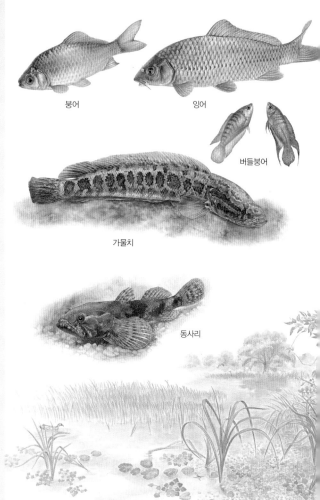

붕어

잉어

버들붕어

가물치

동사리

저수지와 늪

우리나라에는 강이나 냇물뿐만 아니라 곳곳에 크고 작은 저수지와 늪이 있다. 저수지는 농사에 쓸 물을 가두어 두는 곳이고, 늪은 물이 고여 자연스럽게 생긴다. 비가 오면 빗물이 고이기도 하고 산골짜기에서 흘러내려 온 개울이 저수지나 늪으로 흘러들기도 한다. 또 비가 많이 오면 넘치기도 하고, 날이 가물면 말라서 바닥이 드러날 때도 있다. 저수지와 늪에는 뿔논병아리, 백로, 흰뺨검둥오리 같은 여름과 겨울 철새들이 많이 찾아온다.

저수지와 늪 둘레에는 갈대와 부들, 물억새, 골풀이 자란다. 물가에는 물달개비, 벗풀, 물옥잠, 창포가 자란다. 가래, 나사말, 물질경이, 마름, 자라풀, 어리연꽃, 생이가래, 개구리밥은 물낯에 떠있다. 물속에는 말즘, 검정말, 붕어마름, 물수세미가 수북이 난다. 이런 물풀은 냇물과 강에도 자란다. 물풀은 물을 깨끗하게 만들고 햇빛을 받아 광합성을 해서 산소를 만든다. 물풀 덤불은 물고기와 물속 벌레에게 좋은 보금자리가 된다.

민물고기들은 물풀 사이에 숨어 있거나 물풀 둘레에서 먹이를 잡아먹는다. 참붕어와 송사리는 떼를 지어 물풀 사이를 헤엄쳐 다닌다. 바닥에는 동사리, 메기가 숨어 있다. 저수지와 늪에는 가물치나 잉어 같은 커다란 물고기도 살고 붕어, 버들붕어, 드렁허리, 미꾸라지도 산다.

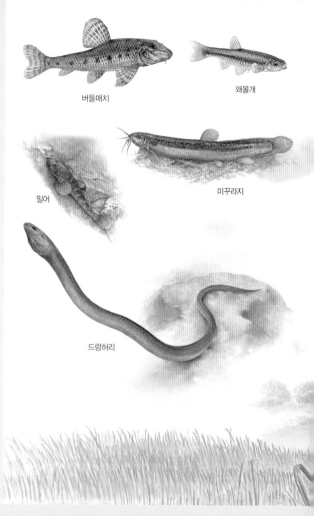

버들매치

왜몰개

밀어

미꾸라지

드렁허리

논과 논도랑

논과 그 둘레를 흐르는 논도랑에도 민물고기가 산다. 논은 벼 농사를 짓는 땅인데, 둘레에 있는 강이나 냇물, 저수지에서 물을 끌어와서 가둔 뒤 모를 심고 벼를 기른다. 논에는 봄부터 가을 벼 베기 전까지 늘 물을 댄다. 둘레에서 물을 끌어오기 때문에 둘레에 살던 물고기도 논에 들어와 산다.

논 둘레에는 많은 동물과 식물이 어우러져 산다. 왕우렁이, 논우렁이, 물달팽이, 다슬기 같은 민물 고둥과 풍년새우, 옆새우, 민물가재, 날도래 애벌레와 소금쟁이, 물방개 같은 곤충과 개구리, 도롱뇽, 뱀도 산다. 논바닥은 발이 푹푹 빠지는 진흙 펄이어서 진흙 속을 드나들며 사는 미꾸라지나 드렁허리 같은 물고기가 살고, 논도랑에는 참붕어, 버들매치, 왜몰개, 밀어 같은 물고기가 있다.

옛날에는 송사리와 왜몰개, 드렁허리, 미꾸라지를 논과 논도랑에서 흔히 볼 수 있었다. 하지만 농약과 비료를 많이 뿌리면서 보기 힘들어졌다. 농약과 비료를 써서 농사를 지으면 논뿐만 아니라 논도랑, 냇물, 강까지 더럽혀서 우리 둘레에 흔하던 생물들이 살 수 없게 된다.

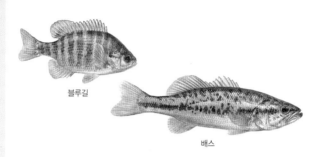

블루길

배스

다른 나라에서 들어와 토박이 물고기를 잡아먹는 물고기

부안종개

댐이 생기면서 사라질 위험에 처한 물고기

댐

우리나라 강에는 크고 작은 댐이 많다. 댐은 강물을 막아 두었다가 우리가 마시는 물로 쓰거나 공장과 농사에 물이 필요할 때 보내려고 만든다. 수력 발전으로 전기도 얻고, 비가 많이 오면 홍수가 나지 않게 물을 가두어 둔다. 대부분 큰 강 상류와 중류를 막아서 댐을 만드는데, 큰 댐이 생기면 둘레 환경이 바뀌고 날씨도 바뀐다. 날씨가 바뀌면 댐 둘레에서 짓는 농사에 피해를 주기도 한다. 민물고기도 피해를 많이 본다.

1973년 수력 발전을 위해 팔당댐을 만들었다. 가둔 물은 서울과 수도권에서 마시고 쓰는데, 이곳에 외국에서 들여온 블루길과 배스가 퍼져서 토박이 물고기를 마구 잡아먹었다. 또 1989년에 부안댐을 만들면서 우리나라 고유종인 부안종개는 산골짜기에만 조금 살아남아 사라질 위험에 처했다.

강과 바다를 오르내리며 사는 물고기는 댐이 생기면 길이 막혀 강을 못 올라오고 바다로 나가지도 못한다. 댐을 만들려고 물길을 막고 강바닥을 파내면 환경이 달라져서 본래 살던 물고기가 살지 못한다. 또 댐에 고인 물이 썩거나 더러워지면서 물고기들이 떼로 죽기도 한다.

미호종개

꼬치동자개

감돌고기

얼룩새코미꾸리

Ⅰ급

가는돌고기

가시고기

다묵장어

꾹구리

꺽저기

돌상어

Ⅱ급

멸종 위기 야생 동식물 환경부 지정 (2012년 기준)

블루길

배스

생태계 교란 야생 동식물 환경부 지정 (2012년 기준)

무태장어

어름치

미호종개

열목어

꼬치동자개

천연기념물

멸종 위기 종

우리나라 민물고기 가운데는 좁은 지역에서만 사는 물고기가 많다. 또 민물고기는 물이 더러워지면 대부분 살지 못한다. 요즘에는 여러 가지 개발과 환경오염 때문에 산골짜기부터 물이 더러워지고 있다. 또 댐과 보가 생겨 사는 곳이 사라지거나 물길이 막히기도 한다.

모든 생물은 몸집이 크거나 작거나 '먹이 사슬'로 이어져서 다른 생물을 먹기도 하고 먹이가 되기도 한다. 이렇게 생물들은 촘촘하게 얽혀서 어우러져 산다. 한 종이 지구에서 완전히 사라지는 것을 '멸종'이라고 한다. 어떤 종이 줄어들거나 사라지면 그 종을 먹이로 삼거나 도움을 주고받던 다른 생물들도 살기가 힘들다. 한번 사라진 종은 다시 되살릴 수 없다.

그래서 온 세계에서는 사라질 위험에 처한 생물을 '멸종 위기 종'으로 정해서 지키고 있다. 우리나라 환경부에서는 '멸종 위기 야생 동식물'을 정해서 '야생동식물보호법'으로 보호하고 있다. 또 다른 나라에서 우리나라에 들어와 생태계 균형을 깨는 생물을 '생태계 교란 야생 동식물'로 정해서 함부로 못 들어오게 막고 있다.

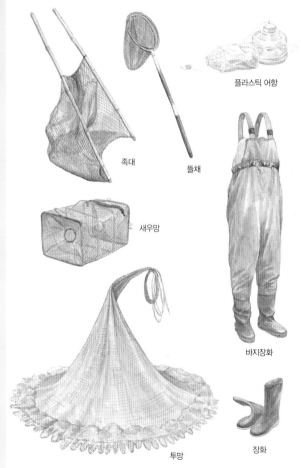

플라스틱 어항

족대

뜰채

새우망

바지장화

투망

장화

민물고기를 잡을 때 쓰는 도구

강과 우리 겨레 삶

사람들은 농사를 짓기 시작하면서 자연스레 물이 많고 땅이 기름진 강 둘레에 모여 살았다. 강에 사는 온갖 물고기, 새우, 참게, 우렁이, 조개 따위는 사람들에게 중요한 먹을거리였다.

큰 강에서는 어부들이 그물을 치고 통발이나 주낙을 놓아서 잉어나 누치, 쏘가리, 붕어, 메기, 뱀장어 같은 물고기를 많이 잡는다. 저수지에서는 낚시로 붕어, 메기, 피라미 같은 물고기를 잡는다. 가을걷이를 끝낸 논에서 진흙을 파고 땅속에 숨은 미꾸라지를 잡는다. 강이나 냇물에 돌을 쌓아 막고 발을 쳐서 물고기를 잡기도 한다. 작은 도랑이나 내에서는 족대나 어항으로 물고기를 잡고 손으로도 잡는다.

사람들은 그물이나 낚시뿐만 아니라 살림살이 도구나 자연에서 얻은 것들로 물고기를 잡았다. 광주리나 채로 물고기를 뜨고, 여뀌를 물에 풀어 물고기를 기절시켜 잡았다. 겨울에 강이 꽁꽁 얼면 얼음에 구멍을 뚫고 '얼음낚시'도 즐겼다. 한여름에는 강가나 냇물에 모여 놀면서 쉬는 '천렵'이라는 풍습이 있다. 물가에 솥을 걸고 함께 잡은 물고기로 어죽을 끓여서 나눠 먹었다.

요즘에는 민물고기가 많이 사라져서 함부로 잡으면 안 된다. 그물이나 족대로 잡으면 천연기념물이나 멸종 위기 종을 무심코 잡을 수 있으니 조심해야 한다.

민물고기 생김새

몸 구석구석 이름

　물고기 몸은 머리, 몸통, 꼬리와 지느러미로 나눈다. 머리는 주둥이부터 아가미구멍까지다. 몸통은 머리 뒤쪽 끝에서 항문과 생식공이 있는 '총배설강'까지다. 꼬리는 총배설강에서 꼬리지느러미 앞까지다. 머리에는 입, 눈, 콧구멍과 숨을 쉬는 아가미가 있다. 몸통 중간에 있는 옆줄은 몸통에서 꼬리까지 옆으로 쭉 난다. 지느러미는 등지느러미, 뒷지느러미, 꼬리지느러미가 있고, 한 쌍으로 된 가슴지느러미와 배지느러미가 있다. 물고기 몸길이는 머리 끝부터 꼬리지느러미 앞까지 길이다. 몸높이는 몸통 가장 높은 곳에서 배까지 잰 길이다.

물고기 생김새

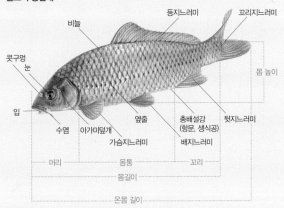

여러 가지 물고기 생김새

민물고기는 사는 곳이나 사는 모습에 따라 저마다 생김새가 다르다. 헤엄을 잘 치는 물고기는 몸매가 날씬하고, 강 밑바닥에 사는 물고기는 배가 넓적하다. 뱀장어처럼 몸이 길쭉한 것도 있다. 물살이 느린 곳에서 헤엄을 덜 치는 물고기는 몸이 옆으로 납작하며 가슴지느러미가 넓다. 같은 무리에 드는 물고기도 저마다 생김새가 다르다. 돌마자는 바닥에 살아서 배가 평평하고 가슴지느러미가 넓지만, 같은 과인 쉬리는 물살이 센 여울에 살아서 몸이 길쭉하고 날렵하다.

여섯 가지 몸통 생김새

황복
공처럼 둥글다.

붕어
긴 타원처럼 생겼다.

동방종개
끈처럼 길고 납작하다.

납자루
몸이 옆으로 납작하고 몸 높이가 높다.

뱀장어
몸이 둥글고 아주 길다.

강주걱양태
몸이 위아래로 납작하다.

비늘과 옆줄

물고기는 온몸이 비늘로 덮여 있다. 비늘은 동물 털이나 살갗처럼 물고기 몸을 보호한다. 비늘이 없는 물고기는 살갗에서 미끄러운 점액이 나오고 단단하다. 물살이 빠른 곳에 사는 물고기는 비늘이 잘고 많다. 물살이 느린 곳에 사는 물고기는 비늘이 크고 거칠다. 물고기는 옆줄로 물 깊이를 알고, 물 흐름을 느끼고, 물살 세기와 온도와 진동을 느낀다. 대부분 몸통 가운데 한 줄로 나 있다. 아예 없거나, 두 줄 있거나, 배 아래쪽에 있는 물고기도 있다.

비늘

이스라엘잉어
몸에 비늘이 군데군데 있다.

묵납자루
비늘이 고르게 붙어 있다.

자가사리
비늘이 없고 살갗이 점액으로 덮여 있다.

옆줄

살치
옆줄이 배 쪽으로 내려가 있다.

연준모치
옆줄이 뚜렷하게 잘 보인다.

점몰개
옆줄 위에 거무스름한 반점이 줄지어 있다.

지느러미

물고기는 지느러미로 물을 가르고 헤엄치거나 균형을 잡는다. 등지느러미와 뒷지느러미, 꼬리지느러미는 물고기가 앞으로 헤엄치거나 방향을 바꾸는데 쓴다. 가슴지느러미와 배지느러미는 방향을 바꾸거나 틀 때 몸이 안 뒤집어지게 한다. 꼬리지느러미는 양쪽으로 갈라지거나 오목하게 들어가거나 끝이 반듯하거나 뾰족하거나 창처럼 생겼다. 등지느러미 뒤에 작은 '기름지느러미'가 붙어 있거나 배지느러미가 붙어서 '빨판'이 된 물고기도 있다. 빨판으로 바닥에 있는 돌에 착 달라붙는다.

여러 가지 지느러미

흰줄납줄개
등지느러미와 뒷지느러미가
아주 크고 넓다.

가시고기
등에 가시가 8~9개 있다.

종개
꼬리지느러미 끝이 세로로
반듯하다.

흰수마자
가슴지느러미가 넓어서
모랫바닥에 잘 붙어 있다.

산천어
등지느러미 뒤에 작은
기름지느러미가 있다.

감돌고기
배지느러미와 뒷지느러미
크기가 비슷하다.

입과 수염

입은 위턱과 아래턱으로 이루어진다. 입으로 먹이를 먹거나 물을 들이마신다. 입은 사는 곳과 먹이에 따라 저마다 다르게 생겼다. 플랑크톤을 먹고 사는 물고기는 입으로 물을 들이켜 아가미로 먹이를 걸러 먹는다. 다른 동물을 잡아먹는 물고기는 턱이나 입천정, 아가미 안쪽에 딱딱한 이빨이 있고 목에도 이가 있다. 입가에 수염이 있는 물고기도 많다. 메기는 눈앞에 있는 긴 수염을 더듬이처럼 이리저리 움직여서 먹이를 찾고 둘레를 살핀다. 꾸구리는 턱 밑에 난 수염을 돌에 걸치고 센 물살을 이겨낸다.

여러 가지 입과 수염

메기
입이 아주 크고 작은 이빨이
잔뜩 나 있다. 입가에 긴
수염이 두 쌍 있다.

돌고기
입이 납작하고 입술이 두툼하다.

은어
입이 가로로 길다.

강준치
입이 위로 삐죽 솟았다.

다묵장어
입이 둥글다.

철갑상어
입이 주둥이 아래 있고,
입 앞에 수염이 있다.

몸 빛깔과 무늬

물고기는 저마다 다른 몸 빛깔을 가지고 있다. 사는 곳이나 자라는 환경, 물 온도와 물속이 밝고 어두운 정도, 물고기 기분에 따라 달라진다. 짝짓기 때에는 수컷이 몸 빛깔을 아롱다롱 바꾸어 '혼인색'을 띤다.

물고기 몸통과 머리와 등에는 점이나 무늬가 있다. 비늘에 얼룩덜룩한 점이 나기도 하고, 작은 점들이 모여 반점과 무늬를 이루기도 한다. 몸통 무늬가 몸통 앞쪽에서 꼬리까지 길게 이어지거나 등에서 배로 곧게 이어지기도 한다. 또 작은 점들이 모여 생긴 반점들이 띄엄띄엄 줄을 이루기도 한다. 지느러미에도 빛깔과 무늬가 있다.

여러 가지 몸 빛깔과 무늬

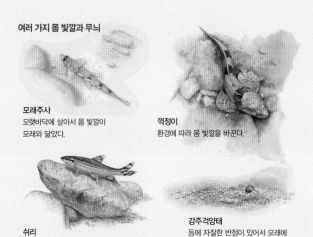

모래주사
모랫바닥에 살아서 몸 빛깔이 모래와 닮았다.

꺽정이
환경에 따라 몸 빛깔을 바꾼다.

쉬리
등이 파래서 물 밖에서는 잘 안 보인다.

강주걱양태
등에 자잘한 반점이 있어서 모래에 몸을 묻고 있으면 감쪽같다.

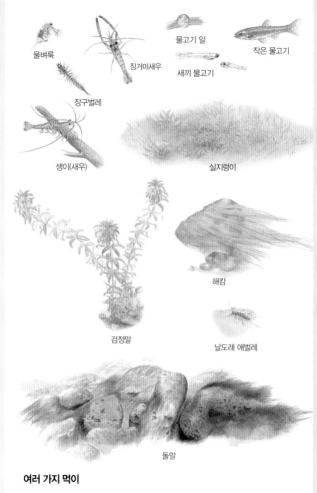

물버룩

징거미새우

물고기 알

작은 물고기

새끼 물고기

장구벌레

생이(새우)

실지렁이

검정말

해캄

날도래 애벌레

돌말

여러 가지 먹이

민물고기 생태

먹이

민물고기 먹이는 종에 따라, 같은 종이라도 자라기에 따라, 철에 따라 다르다. 플랑크톤을 먹는 물고기, 식물을 먹는 물고기, 동물을 잡아먹는 물고기, 식물과 동물을 모두 먹는 물고기, 바닥에 사는 먹이를 입으로 빨아들여서 먹는 물고기, 다른 물고기 몸에 붙어서 살갗을 파먹고 피를 빨아 먹는 물고기가 있다.

많은 물고기가 물속에 있는 자갈이나 돌에 붙은 돌말이나 부들, 가래, 검정말, 개구리밥, 연꽃 같은 식물을 먹는다. 또 물벼룩, 플라나리아, 실지렁이, 새우, 다슬기, 조개, 작은 물벌레 따위를 먹고 산다.

붕어와 잉어, 피라미와 갈겨니, 버들치, 납자루 무리 따위는 아가미에 있는 빗살 같은 갈퀴로 플랑크톤을 걸러 먹는다. 초어와 은어, 돌마자, 돌고기 무리는 물속 식물을 먹는다. 뱀장어, 끄리, 동사리, 퉁가리, 쏘가리 같은 물고기는 물속 벌레와 애벌레, 게나 새우, 지렁이, 다른 물고기를 잡아먹는다. 잉어와 붕어, 돌고기, 중고기 무리, 미꾸리 무리는 물속 동물과 식물을 다 먹는다. 잉어 무리와 망둑어 무리는 물 밑바닥에 살면서 바닥에 사는 먹잇감을 입으로 빨아들여서 먹는다. 칠성장어는 빨판처럼 생긴 입으로 다른 물고기 몸에 딱 붙어서 살갗을 파먹고 피를 빨아 먹는다.

새끼 동자개는 어미와 꼭 닮았다.

어린 다묵장어는 모래에 묻혀 산다.
어미와 달리 입이 동그랗지 않다.

어린 누치는 몸통에 눈동자만 한
반점이 있다.

은어는 강어귀에서 태어나 바다에서
겨울을 나고, 봄에 떼를 지어 강을
거슬러 올라와 자란다.

어린 물고기들

한살이

물고기는 암컷과 수컷이 짝을 지어 알을 낳는다. 물이 따뜻하고 먹이가 많은 봄과 여름 사이에 알을 낳는 물고기가 많다. 은어와 납지리처럼 가을에 알을 낳는 물고기도 있다.

물고기는 한 해에 한 번 알을 낳는 종이 많다. 알은 아주 작고 속이 훤히 보이고 말랑말랑하다. 갓 깬 새끼는 알주머니에 있는 영양분을 먹고 자란다. 조금 더 자라면 물속에 있는 플랑크톤을 먹고, 작은 벌레를 잡아먹거나, 물풀을 뜯어 먹는다. 새끼 물고기들은 어릴 때 물가에서 자라다가 점점 깊은 곳으로 간다.

물고기는 1~3년쯤 자라면 다 커서 알을 낳는다. 알을 낳고 바로 죽는 물고기도 있다. 연어는 바다에서 3~5년쯤 살다가 자기가 태어난 강으로 올라와 알을 낳고 죽는다. 뱀장어는 강에서 5~12년을 살다가 깊은 바다에서 알을 낳고 죽는다. 붕어와 잉어, 납자루 무리, 미꾸리 무리, 모래무지 무리, 메기 무리는 모두 알을 낳고도 줄곧 산다.

물고기들은 물이 차가워지는 겨울이 되면 돌 틈이나 깊은 물속에서 지낸다. 큰 물고기는 20년 넘게 살기도 하지만 대부분 한두 해를 산다. 몸집이 큰 물고기가 작은 물고기보다 오래 산다.

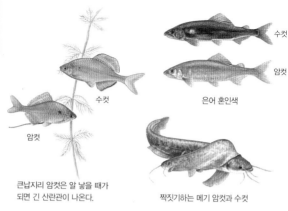

수컷

암컷

은어 혼인색

큰납지리 암컷은 알 낳을 때가
되면 긴 산란관이 나온다.

짝짓기하는 메기 암컷과 수컷

짝짓기

1 알자리를 고른다.

2 둥지를 짓는다.

3 암컷을 데려온다.

4 암컷이 알을 낳는다.

5 수컷이 들어가 수정 시킨다.

큰가시고기 짝짓기와 알 낳기

짝짓기

알 낳을 때가 되면 수컷들은 알자리를 마련하려고 바쁘게 움직인다. 납자루 무리 수컷은 알 낳을 조개를 찾아다니고, 버들매치와 동자개 수컷은 진흙 바닥을 파서 알자리를 만든다. 큰가시고기 무리와 가물치는 물풀과 물풀 뿌리, 검불로 둥지를 만든다. 가시고기는 수컷 혼자 둥지를 만들고, 가물치는 암수가 함께 만든다. 칠성장어도 암컷과 수컷이 강바닥에 있는 돌을 치우며 함께 알자리를 만든다. 밀어 수컷은 알 낳을 돌 밑에 들어가 다른 수컷이 못 오게 지키며 텃세를 부린다. 동사리와 꺽지도 돌 밑을 깨끗이 청소하고 암컷이 찾아오기를 기다린다.

암컷과 수컷은 짝짓기를 위해서 신호를 보내 서로를 확인한다. 각시붕어 수컷은 춤을 추듯 헤엄치면서 암컷이 알 낳을 조개가 있는 곳으로 따라오게 한다. 좀구굴치와 큰가시고기도 수컷이 춤을 추며 암컷을 알 낳을 둥지로 이끈다. 민물검정망둑은 입으로 소리를 내서 암컷을 부른다.

알 낳을 때가 된 암컷은 알을 품고 있어서 배가 불룩하다. 납자루와 중고기 무리 암컷은 조개 몸속에 알을 낳기 때문에 긴 산란관이 나온다. 수컷은 몸 빛깔이 바뀌면서 혼인색을 띤다. 암컷 눈에 잘 띄기 위해서 몸 빛깔이 진해지고 울긋불긋하게 바뀌며 주둥이와 지느러미에 우툴두툴한 돌기가 생긴다.

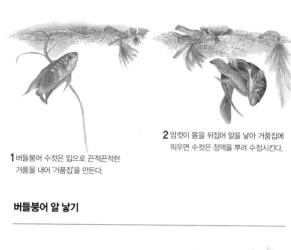

2 암컷이 몸을 뒤집어 알을 낳아 거품집에 띄우면 수컷은 정액을 뿌려 수정시킨다.

1 버들붕어 수컷은 입으로 끈적끈적한 거품을 내어 '거품집'을 만든다.

버들붕어 알 낳기

꺽지 수컷은 돌 밑에 남아 알을 지킨다.

잔가시고기 수컷은 둥지 둘레에 남아 알과 새끼를 지킨다.

알 지키기

알 낳기와 알 지키기

민물고기는 알을 수백에서 수만 개씩 낳는다. 수십만 개 낳는 물고기도 있다. 납자루 무리는 알을 오백 개쯤 낳고, 미꾸리 무리는 이삼천 개쯤 낳는다. 이렇게 많이 낳아도 알에서 깨어 나와 어른 물고기가 되기는 힘들다. 다른 물고기가 알을 주워 먹거나 물속 동물들이 먹고, 어린 물고기는 다른 물고기나 동물에게 잡아먹히기 때문이다.

민물고기가 알 낳을 때 하는 행동은 제각각이다. 피라미와 누치는 떼로 모여서 짝짓기를 하고 그냥 바닥에 알을 낳는다. 중고기와 납자루 무리는 암수가 짝을 지어 조개를 찾아다니며 알을 낳는다. 암컷이 조개 구멍에 산란관을 꽂아 배 속에 있던 알을 조개 아가미에 넣는다. 연어는 바닥을 파헤쳐 알자리를 만들어 알을 낳은 뒤 모래와 자갈로 덮는다. 참붕어와 몰개 무리는 알 낳을 돌과 그 둘레를 깨끗이 하고 알을 낳고 나서도 돌 둘레를 지킨다. 버들붕어 수컷은 물낯에 떠 있는 물풀에 입으로 거품을 내서 거품집을 만들고 암컷이 그 속에 알을 낳는다. 미꾸리와 동자개 무리는 수컷이 암컷 몸을 휘감아서 알을 낳는다.

암컷이 알을 낳으면 수컷이 정액을 뿌려서 알을 수정시킨다. 이렇게 몸 밖에서 난자와 정자가 만나 수정된다고 '체외수정'이라고 한다.

1 알 낳기
암컷과 수컷이 몸을 붙이고 흔들며
알을 낳는다. 암컷 배에 알 20~30개가
포도송이처럼 붙어 있다. 7~8시간
붙이고 있다가 몸을 물풀에 비벼 알을
한 개씩 붙인다.

2 물풀에 붙은 알
알에 아주 작은 털이 잔뜩
나 있고 끈적끈적하다.

3 5일째 된 알
알 속에서 새끼가 자라고 있다.
눈이 까매지고 핏줄이 생기기
시작했다.

4 12일째 된 알
알에서 새끼가 깨어 나오고
있다. 갓 깬 새끼는 배에
알 주머니를 매달고 다닌다.

5 새끼 송사리
알 주머니가 사라지고 물속에서
떼로 헤엄쳐 다니면서 먹이를
먹는다.

송사리 성장

자라기

물고기 알은 속이 훤히 비치고 말랑말랑하다. 알 속에 있는 영양분으로 새끼가 자라서 깨어 나온다. 알을 낳고 이삼 일이 지나면 조금씩 물고기 모양을 갖춘다. 물고기 종마다 환경에 따라 알에서 새끼가 깨어 나오는 기간이 다르다. 어떤 물고기는 몇 시간 만에 깨어 나오기도 하고, 어떤 종은 며칠이 걸린다. 하지만 거의 일주일 쯤 지나면 깨어 나온다. 갓 깬 새끼는 입과 똥구멍이 닫혀 있다. 하지만 물 밑에 가라앉는 알에서 갓 깬 새끼는 입과 똥구멍이 열려 있다. 어릴 때는 물가에서 살다가 자라면서 조금씩 깊은 물속으로 들어간다.

물고기는 새끼에서 어른 물고기로 자라기까지 여섯 단계를 거친다. 갓 깬 새끼는 '자어'라고 한다. 자어는 알 주머니를 달고 있어서 알 주머니에 있는 영양분으로 자란다. '후기 자어'는 지느러미살 개수를 갖추게 될 때까지를 말한다. 자어 때가 지나면 '치어'라고 한다. 치어는 어른 물고기와 몸 빛깔이나 무늬가 비슷해진다. 치어가 자라면 '미성어'가 된다. 미성어는 성어와 몸 생김새나 빛깔과 무늬가 거의 닮았지만 아직 알을 낳을 수 없다. '성어'는 다 자라서 알을 낳을 수 있는 물고기를 말한다. '노어'는 알을 낳을 수 없는 늙은 물고기다. 이때가 되면 몸 빛깔이 옅어지고 비늘도 빠진다.

모래무지

드렁허리

강주걱양태

미호종개

모래나 진흙에 숨는 물고기

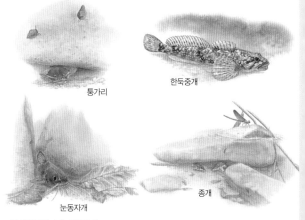

퉁가리

한둑중개

눈동자개

종개

돌 밑에 잘 숨는 물고기

제 몸 지키기

물총새, 청호반새, 백로, 수달, 족제비, 너구리 같은 동물들은 민물고기를 잡아먹는다. 가물치, 쏘가리, 동사리 같은 물고기는 다른 물고기를 잡아먹고 산다. 게아재비, 물방개, 물자라, 잠자리 애벌레 같은 물속 곤충도 어린 물고기나 작은 물고기를 잡아먹는다.

물고기는 위험을 느끼면 재빨리 헤엄쳐 달아나거나 물풀이나 돌 틈으로 들어가 숨는다. 모래를 파고 들어가 숨기도 하고, 몸 빛깔을 둘레와 닮게 바꾸고 죽은 듯 가만히 있기도 한다. 몸집이 작은 물고기나 어린 물고기는 떼 지어 헤엄쳐 다닌다. 그러면 자기가 잡아먹힐 확률이 적기 때문이다.

각시붕어는 놀라면 돌 틈이나 물풀 속으로 잽싸게 숨는다. 모래무지나 참종개는 모래 속으로 파고 들어가 숨는다. 미꾸라지는 진흙을 파고 들어간다. 피라미나 쉬리는 몸이 날씬하고 재빨라서 자기를 잡아먹는 꺽지나 쏘가리보다 더 빨리 헤엄친다. 밀어는 사는 곳에 따라 몸 빛깔을 바꿔서 천적이 못 알아챈다.

가물치, 메기, 얼룩동사리 같은 물고기는 다른 물고기를 잡아먹으며 무리를 짓지 않고 혼자 산다. 물풀이나 돌 밑에 가만히 숨어서 지나가는 물고기를 잡아먹는데, 몸이 얼룩덜룩해서 눈에 잘 안 띈다. 끄리는 헤엄을 빨리 잘 쳐서 재빨리 달아나는 물고기도 쫓아가서 잘 잡는다.

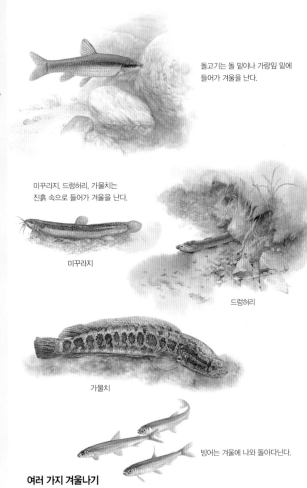

돌고기는 돌 밑이나 가랑잎 밑에
들어가 겨울을 난다.

미꾸라지, 드렁허리, 가물치는
진흙 속으로 들어가 겨울을 난다.

미꾸라지

드렁허리

가물치

빙어는 겨울에 나와 돌아다닌다.

여러 가지 겨울나기

겨울나기

민물고기는 물이 따뜻해지거나 차가워지는 것에 따라 몸 온도가 달라진다. 물 온도가 15도보다 높이 올라가면 먹이를 잡아먹는데, 20~24도일 때 가장 많이 돌아다닌다. 겨울이 되면 물 온도가 낮아져서 물고기들이 많이 안 움직이고 잘 안 먹는다. 겨울잠을 자듯 물 깊은 곳으로 들어간다. 깊은 곳 바위 밑이나 바닥 돌 틈으로 들어가고 돌 밑이나 가랑잎 밑에 숨는다. 진흙 속으로 파고들거나 물풀 덤불에서 지내기도 한다.

추운 겨울이 되면 냇물이나 큰 강이 꽁꽁 얼 때도 있다. 연못이나 저수지도 언다. 강물은 깊어서 다 얼지 않고 얼음장 밑으로 물이 흐른다. 산골짜기에서는 물이 콸콸 흐르는 여울 아래 바위 밑으로 물고기가 들어간다. 물이 세게 흐르는 곳은 가장자리만 얼고 다 얼지 않아서 물고기가 겨울을 나기에 좋다.

돌고기는 개울에서 돌 밑이나 가랑잎 밑으로 들어가서 지낸다. 가물치, 드렁허리와 미꾸라지는 진흙 속으로 들어가서 꼼짝 않는다. 하지만 겨울에 더 힘차게 움직이는 물고기도 있다. 빙어는 아주 차가운 물을 좋아해서 겨울에 나와 헤엄쳐 다닌다. 여름에는 깊은 곳에서만 지내다가 겨울이 되면 위쪽으로 올라온다. 버들치 같은 물고기는 추운 겨울에도 아랑곳하지 않고 헤엄쳐 다닌다.

찾아보기

가

자

차

참고한 책

《강태공을 위한 낚시물고기 도감》(최윤 외, 지성사, 2000)

《과학앨범 64-송사리의 생활》(웅진출판주식회사, 1989)

《그 강에는 물고기가 산다》(김익수, 다른세상, 2012)

《냇물에 뭐가 사나 볼래?》(도토리기획, 양상용 그림, 보리, 2002)

《동물원색도감》(과학백과사전출판사, 1982, 평양)

《동물은 살아있다 – 잉어와 메기》(토머스 A. 도지어, 한국일보타임-라이프, 1981)

《동물의 세계》(정봉식, 금성청년출판사, 1981, 평양)

《두만강 물고기》(농업출판사, 1990, 평양)

《라이프 네이처 라이브러리(한국어판-어류)》(한국일보타임-라이프, 1979)

《몬테소리 과학친구8-민물고기의 세계》(와타나베 요시히사, 한국몬테소리㈜, 1998)

《미산 계곡에 가면 만날 수 있어요》(한병호, 고광삼, 보림, 2001)

《민물고기-보리 어린이 첫 도감③》(박소정, 김익수, 보리, 2006)

《민물고기를 찾아서》(최기철, 한길사, 1991)

《민물고기 이야기》(최기철, 한길사, 1991)

《물고기랑 놀자》(이완옥, 성인권, 봄나무, 2006)

《비주얼 박물관 20-물고기》(웅진미디어, 1993)

《빛깔 있는 책들128-민물고기》(최기철 외, 대원사, 1992)

《사계절 생태놀이》(붉나무, 돌베개어린이, 2005)

《세밀화로 그린 보리 어린이 동물도감》(도토리기획, 보리, 1998)

《세밀화로 그린 보리 어린이 민물고기 도감》(박소정, 김익수, 보리, 2007)

《수많은 생명이 깃들어 사는 강》(정태련, 김순한, 우리교육, 2005)

《쉽게 찾는 내 고향 민물고기》(최기철, 이원규, 현암사, 2001)

《아동백과사전(1~5)》(과학백과사전종합출판사, 1993, 평양)

《우리가 정말 알아야 할 우리 민물고기 백 가지》(최기철, 현암사, 1994)

《우리말 갈래사전》(박용수, 한길사, 1989)

《우리나라 위기 및 희귀동물》(과학원마브민족위원회, 2002, 평양)

《우리나라 동물》(과학원 생물학 연구소 동물학 연구실, 과학지식보급출판사, 1963, 평양)

《우리 물고기 기르기》(최기철 글, 이원규 그림, 현암사, 1993)

《유용한 동물》(최여구, 아동도서출판사, 1959, 평양)

《은은한 색채의 미학 우리 민물고기》(백윤하, 이상헌, 씨밀레북스, 2011)

《원색 한국담수어도감(개정)》(최기철 외, 향문사, 2002)

《은빛 여울에는 쉬리가 산다》(김익수, 중앙M&B, 1998)

《조선말대사전》(사회과학출판사, 1992, 평양)

《조선의 동물》(원홍구, 주동률, 국립출판사, 1955, 평양)

《조선의 어류》(최여구, 과학원출판사, 1964, 평양)

《초등학교 새국어사전》(동아출판사, 1976)

《초록나무 자연관찰여행-여러 민물 생물》((주)파란하늘, 2001)

《춤추는 물고기》(김익수, 다른세상, 2000)

《특징으로 보는 한반도 민물고기》(이완옥, 노세윤, 지성사, 2006)

《한국동식물도감 제37권 동물편(담수어류)》(교육부, 1997)

《한국민족문화대백과사전》(한국정신문화연구원, 1995)

《한국방언사전》(최학근, 명문당, 1994)

《한국의 민물고기》(김익수, 박종영, 교학사, 2002)

《한국의 자연탐험 49-민물고기》(전상린, 이선명, 웅진출판주식회사, 1993)

그린이

박소정

1976년 강원도 춘천에서 태어났다. 성신여자대학교에서 서양화를 공부했고, 2003년
부터 동식물을 세밀화로 그리고 있다. 《민물고기》(보리 어린이 첫 도감③), 《세밀화
로 그린 보리 큰도감 민물고기 도감》, 《내가 좋아하는 바다 생물》, 《알고 보면 더 재
미있는 물고기 이야기》에 세밀화를 그렸다. 그림책 《상우네 텃밭 가꾸기》, 《나 혼
자 놀거야》를 쓰고 그렸다.

감수

김익수

1942년 전라남도 함평에서 태어났다. 서울대학교 사범대학과 대학원에서 생물학
을 공부했고, 중앙대학교에서 이학박사 학위를 받았다. 전북대학교 자연과학대학
생물학과 교수를 지냈으며, 한국어류학회 회장과 한국동물분류학회 회장을 지냈
다. 《한국동식물도감 제37권 동물편(담수어류)》, 《원색 한국어류도감(공저)》, 《한
국의 민물고기(공저)》, 《한국어류대도감(공저)》, 《춤추는 물고기》, 《그 강에는 물
고기가 산다》를 썼다.